허세 없는 기본 문제집

나 혼자 완성 프로젝트
바빠 중학 수학 시리즈

스쿨피아 연구소
임미연 지음

바쁜 중3을 위한
빠른 중학도형

3학년 2학기 (전 단원)

삼각비, 원의 성질, 통계

이지스에듀

스쿨피아 연구소의 대표 저자 소개

임미연 선생님은 대치동 학원가의 소문난 명강사로, 10년이 넘게 중고등학생에게 수학을 지도하고 있다. 명강사로 이름을 날리기 전에는 동아출판사와 디딤돌에서 중고등 참고서와 교과서를 기획, 개발했다. 이론과 현장을 모두 아우르는 저자로, 학생들이 어려워하는 부분을 잘 알고 학생에 맞는 수준별 맞춤형 수업을 하는 것으로도 유명하다. 그동안의 경험을 집대성해, 〈바빠 중학연산〉, 〈바빠 중학도형〉 시리즈와 〈바빠 중학수학 총정리〉 시리즈를 집필하였다.

대표 도서
《바쁜 중1을 위한 빠른 중학연산 ①》 — 소인수분해, 정수와 유리수 영역
《바쁜 중1을 위한 빠른 중학연산 ②》 — 일차방정식, 그래프와 비례 영역
《바쁜 중1을 위한 빠른 중학도형》 — 기본 도형과 작도, 평면도형, 입체도형, 통계
《바쁜 중2를 위한 빠른 중학연산 ①》 — 수와 식의 계산, 부등식 영역
《바쁜 중2를 위한 빠른 중학연산 ②》 — 연립방정식, 함수 영역
《바쁜 중2를 위한 빠른 중학도형》 — 도형의 성질, 도형의 닮음과 피타고라스 정리, 확률
《바쁜 중3을 위한 빠른 중학연산 ①》 — 제곱근과 실수, 다항식의 곱셈, 인수분해 영역
《바쁜 중3을 위한 빠른 중학연산 ②》 — 이차방정식, 이차함수 영역
《바쁜 중3을 위한 빠른 중학도형》 — 삼각비, 원의 성질, 통계

'바빠 중학 수학' 시리즈
바쁜 중3을 위한 빠른 중학도형

개정판 1쇄 발행 2020년 3월 25일
개정판 6쇄 발행 2024년 8월 5일
            (2017년 7월에 출간된 초판을 새 교육과정에 맞춰 개정했습니다.)
지은이 스쿨피아 연구소 임미연
발행인 이지연
펴낸곳 이지스퍼블리싱(주)
출판사 등록번호 제313-2010-123호
주소 서울시 마포구 잔다리로 109 이지스빌딩 5층(우편번호 04003)
대표전화 02-325-1722   팩스 02-326-1723
이지스퍼블리싱 홈페이지 www.easyspub.com   이지스에듀 카페 www.easysedu.co.kr
바빠 아지트 블로그 blog.naver.com/easyspub   인스타그램 @easys_edu
페이스북 www.facebook.com/easyspub2014   이메일 service@easyspub.co.kr

기획 및 책임 편집 박지연, 조은미, 정지연, 김현주   교정 교열 정미란, 서은아   문제풀이 서포터즈 이지우
표지 및 내지 디자인 이유경, 정우영, 트인글터   일러스트 김학수   전산편집 아이에스   인쇄 보광문화사
영업 및 문의 이주동, 김요한(support@easyspub.co.kr)   마케팅 박정현, 라혜주, 이나리   독자 지원 오경신, 박애림

ISBN 979-11-6303-150-5 54410
ISBN 979-11-87370-62-8(세트)
가격 12,000원

• **이지스에듀** 는 이지스퍼블리싱의 교육 브랜드입니다.

추천의 글

"전국의 명강사들이 추천합니다!"

기본부터 튼튼히 다지는 중학 수학 입문서!
'바쁜 중3을 위한 빠른 중학도형'

저자의 실전 내공이 느껴지는 책이네요. 중학도형은 연산보다 개념이 중요합니다. 그래서 개념의 정확한 이해와 적용을 묻는 문제가 많이 출제됩니다. 〈바빠 중학도형〉은 문제를 풀면서 생길 수 있는 오개념을 잡아 주고, 개념을 문제에 적용하는 기초를 다져 줍니다.

김종명 원장(분당 GTG사고력수학 본원)

논리적 사고력을 키우기에 도형 학습만 한 것이 없습니다. 학년이 올라갈수록 많은 도형 문제를 접하게 되는데, 문제를 해결하지 못해 쩔쩔매는 모습을 볼 때마다 안타깝습니다. 기본에 충실한 〈바빠 중학도형〉을 순서대로 공부하면 도형 공부에 자신감을 갖게 될 것입니다!

송근호 원장(용인 송근호수학학원)

〈바빠 중학도형〉은 쉽게 해결할 수 있는 문제부터 배치하여 아이들에게 성취감을 줍니다. 또한 명강사에게만 들을 수 있는 꿀팁이 책 안에 담겨 있어서, 수학에 자신이 없는 학생도 혼자 충분히 풀 수 있겠어요.

송낙천 원장(강남, 서초 최상위에듀학원/최상위 수학 저자)

〈바빠 중학도형〉은 일단 보기 편하고, 그림을 최대한 활용해 어려운 내용도 쉽게 이해할 수 있네요. 곳곳에 들어 있는 '꿀팁'과 주의할 점을 콕 짚어 주는 '앗! 실수'는 '맞아, 진짜 그래'라고 감탄할 만큼 실질적인 도움을 주는 내용이네요. 가려운 부분을 시원하게 긁어 주는 '바빠 중학 수학'을 응원합니다.

최정규 원장(성균관대 수학경시 대상 학생 지도/GTG사고력수학 수내점)

수학은 곧 도형이며, 도형의 궁금증으로부터 수학은 시작되고 발전되었음에도 아이들이 특히 기피하는 영역 중 하나이기도 합니다. 도형의 기본인 궁금증과 설렘을 바탕으로 기본 원리에 충실하게 구성한 바빠 중학도형은 아르키메데스와 같은 사고력과 창의력이 충만한 아이들로 거듭나게 해줄 것입니다!

김재헌 본부장(일산 명문학원)

수학은 놓쳐서는 안 될 중요한 과목입니다. 수학이 약하다면, 이 책으로 '중학 수학 나 혼자 완성 프로젝트'에 도전해 보세요. 〈바빠 중학도형〉은 문제를 무작정 외워서 푸는 것이 아니라, 스스로 머리를 써서 해결해 나가며 실력을 쌓기에 딱 좋은 교재입니다.

김완석 원장(대구 DM영재학원)

중학도형의 기본 지식은 고등 수학 과정에서 매우 중요합니다. 특히 중3에서 배우는 피타고라스 정리는 고등 과정에서 많이 응용되는 기본 개념입니다. 바빠 중학도형은 도형의 정의와 기본 성질을 쉽게 습득하도록 구성, 기본기를 탄탄히 다질 수 있어 강력 추천합니다.

김종찬 원장(용인 죽전 김종찬수학전문학원)

〈바빠 중학도형〉은 기본 문제만 한 권에 모아, 아이들이 문제를 풀면서 스스로 개념을 잡을 수 있겠네요. 예비중학생부터 중학생까지, 자습용이나 학원 선생님들이 숙제로 내주기에 최적화된 교재입니다.

김승태 원장(부산 JBM수학학원/수학자가 들려주는 수학 이야기 저자)

중3 수학은 고등 수학의 기초!
어떻게 공부해야 할까?

중학 수학의 기초가 튼튼해야 고등 수학이 문제없다!

수학은 계통성이 강한 과목으로, 중학 수학부터 고등 수학 과정까지 단원이 연계되어 있습니다. 그런데 고등 수학은 배우는 범위가 넓고 학습량이 많기 때문에, 학습 결손이 발생할 때마다 중학 수학을 다시 복습할 시간이 부족합니다. 수학은 기본을 잘 다져야 앞으로 나아갈 수 있는 과목이기 때문에, 중학 수학의 기초를 잘 닦아 놓아야만 고등 수학을 공부하는 데 무리가 없습니다.

어려운 문제집부터 풀면 수포자가 된다.

수학을 포기하게 만드는 환경 중 하나가 바로 '어려운 문제집'입니다. 대부분의 중학 수학 문제집은 개념을 공부한 후, 기본 문제도 익숙해지지 않았는데 바로 어려운 심화 문제까지 풀도록 구성되어 있습니다.

대치동에서 10년이 넘게 중고생을 지도하고 있는 이 책의 저자, 임미연 선생님은 "요즘 시중의 중학 문제집에는, 학생들이 잘 이해할 수 있을까 의문이 드는 문제가 많이 수록되어 있다."고 말합니다. 기본 개념도 정리하지 못했는데 심화 문제를 푸는 것은 모래 위에 성을 쌓는 것입니다. 그런데 생각보다 많은 학생이 어려운 문제집의 희생양이 됩니다.

문제가 풀려야 공부가 재미있고 해볼 만한 일이 됩니다. 중학 수학을 포기하지 않으려면 어려운 문제집이 아닌, 혼자 풀 수 있을 만큼 쉬운 책으로 기초 먼저 탄탄하게 쌓는 것이 좋습니다.

중학 3학년 2학기는 대부분 '도형'과 약간의 '통계' 영역으로 이루어져….

중학교 2학기 수학 과정은 1, 2, 3학년 모두 도형(기하) 파트입니다. 그 중 3학년 과정은 도형과 통계로 이루어져 있는데, 중3 도형 내용을 이해하고 넘어가야 고등 수학도 잘할 수 있습니다. 예를 들어 중3 도형에서 배우는 '삼각비'는 고등학교에서 배우는 삼각함수의 기초가 됩니다. 따라서 개념을 확실히 익혀 두고 고등 수학으로 넘어가야 합니다.

이 책은 중학도형의 기초 개념과 공식을 이용한 쉬운 문제부터 차근차근 풀 수 있는 책으로, 현재 시중에 나온 중학 3학년 2학기 수학 문제집 중 **선생님 없이 혼자 풀 수 있도록 설계된 독보적인 책**입니다.

나 혼자 풀 수 있다는 게 완전 신기해!

이 책은 허세 없는
기본 문제 모음 훈련서입니다.

혼자 봐도 이해된다! 얼굴을 맞대고 듣는 것 같다.

기존의 책들은 한 권의 책에 방대한 지식을 모아 놓기만 할 뿐, 그것을 공부할 방법은 알려주지 않았습니다. 그래서 선생님께 의존하는 경우가 많았죠. 그러나 이 책은 선생님이 얼굴을 맞대고 알려주시던 공부 팁까지 책 속에 담았습니다. 각 단계의 개념에 친절한 설명과 함께 **명강사의 노하우가 담긴 '바빠 꿀팁'을 수록**, 혼자 공부해도 이해할 수 있습니다.

3학년 2학기의 기본 문제만 한 권으로 모아 놓았다.

이 책에서는 **도형뿐만 아니라 3학년 2학기에 배우는 모든 수학 내용을 담고 있습니다.** 도형은 물론이고 통계까지, 3학년 2학기 수학의 기본 문제만 한 권에 모아, 기초를 탄탄하게 다질 수 있습니다. 이 책으로 훈련하여 기초를 먼저 탄탄히 다진다면, 이후 어떤 유형의 심화 문제가 나와도 도전할 수 있는 힘이 생길 것입니다.

아는 것을 틀리지 말자! 중학생 70%가 틀리는 문제, '앗! 실수' 코너로 해결!

수학을 잘하는 친구도 실수로 점수가 깎이는 경우가 많습니다. 이 책에서는 실수로 **본인 실력보다 낮은 점수를 받지 않도록 특별한 장치를 마련했습니다.**
개념 페이지에 '앗! 실수' 코너를 통해, 중학생 70%가 자주 틀리는 실수 포인트를 정리했습니다. 또한 '앗! 실수' 유형의 도형 문제를 직접 풀며 확인하도록 설계해, 실수를 획기적으로 줄이는 데 도움을 줍니다.

또한, 매 단계의 마지막에 나오는 '거저먹는 시험 문제'를 통해 이 책에서 연습한 훈련만으로도 충분히 풀 수 있는 **중학교 내신 문제를 제시했습니다.** 이 책에 나온 문제만 다 풀어도 학교 시험에서 맞을 수 있는 시험 문제는 많습니다.

거저먹는 시험 문제로 학교 시험도 문제없다고~!

이젠 예비 고1! 고등 입학 준비까지 한 번에!

이 책에는 단원별 '고1 3월 모의고사 real 기출 문제'와 **특별 부록 '중학 3개년 연산, 도형 공식'까지 담았습니다.** 고1 3월 전국연합학력평가는 중학교 수학 범위입니다. '바빠 중학도형'으로 여러분의 고등 수학 첫 모의고사까지 대비해 보세요!

1단계 | 개념을 먼저 이해하자! — 단계마다 친절한 핵심 개념 설명이 있어요!

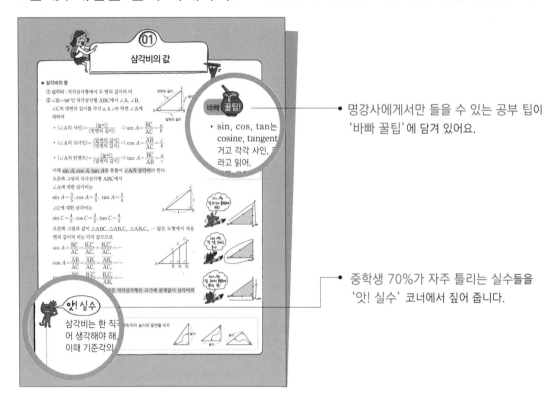

• 명강사에게서만 들을 수 있는 공부 팁이
  '바빠 꿀팁'에 담겨 있어요.

• 중학생 70%가 자주 틀리는 실수들을
  '앗! 실수' 코너에서 짚어 줍니다.

2단계 | 체계적인 도형 훈련! — 쉬운 문제부터 유형별로 풀다 보면 개념이 잡혀요.

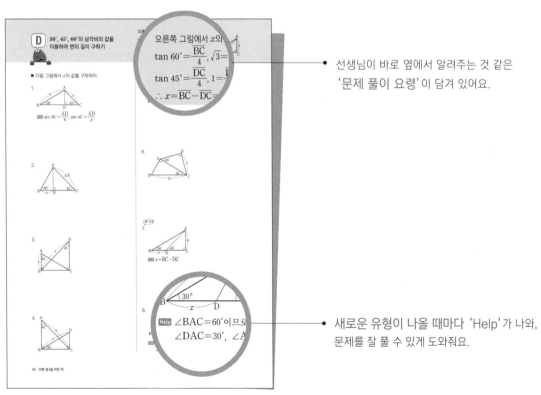

• 선생님이 바로 옆에서 알려주는 것 같은
  '문제 풀이 요령'이 담겨 있어요.

• 새로운 유형이 나올 때마다 'Help'가 나와,
  문제를 잘 풀 수 있게 도와줘요.

3단계 | 시험에 자주 나오는 문제로 마무리! — 이 책만 다 풀어도 학교 시험 문제없어요!

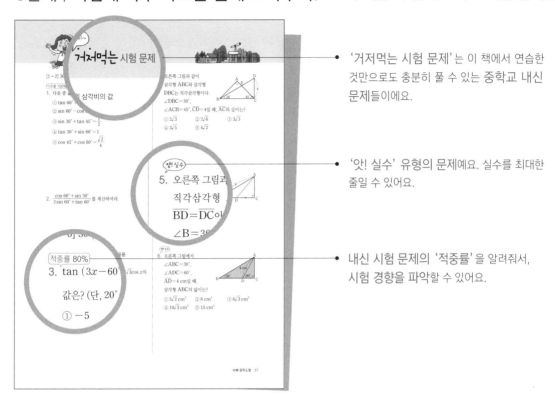

● '거저먹는 시험 문제'는 이 책에서 연습한 것만으로도 충분히 풀 수 있는 중학교 내신 문제들이에요.

● '앗! 실수' 유형의 문제예요. 실수를 최대한 줄일 수 있어요.

● 내신 시험 문제의 '적중률'을 알려줘서, 시험 경향을 파악할 수 있어요.

4단계 | 고1 3월 모의고사 미리보기! — 중학교 내신 범위이니까 도전해 봐요!

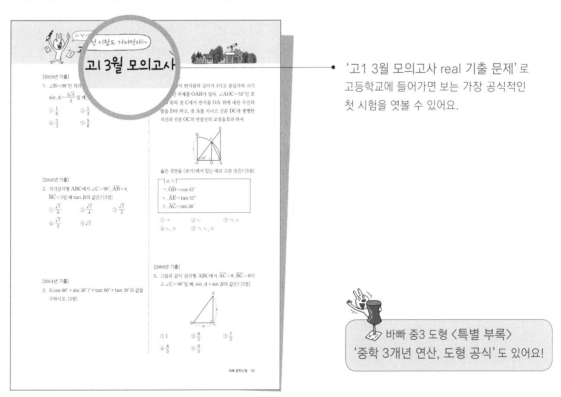

● '고1 3월 모의고사 real 기출 문제'로 고등학교에 들어가면 보는 가장 공식적인 첫 시험을 엿볼 수 있어요.

바빠 중3 도형 〈특별 부록〉
'중학 3개년 연산, 도형 공식'도 있어요!

《바쁜 중3을 위한 빠른 중학 수학》을 효과적으로 보는 방법

〈바빠 중학 수학〉은 1학기 과정이 〈바빠 중학연산〉 두 권으로, 2학기 과정이 〈바빠 중학도형〉 한 권으로 구성되어 있습니다.

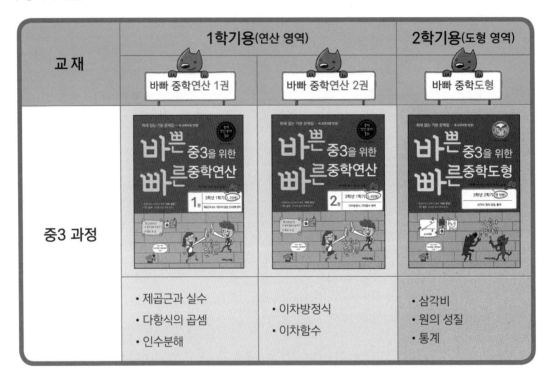

교재	1학기용 (연산 영역)		2학기용 (도형 영역)
	바빠 중학연산 1권	바빠 중학연산 2권	바빠 중학도형
중3 과정	• 제곱근과 실수 • 다항식의 곱셈 • 인수분해	• 이차방정식 • 이차함수	• 삼각비 • 원의 성질 • 통계

1. 취약한 영역만 보강하려면? — 3권 중 한 권만 선택하세요!

중3 과정 중에서도 제곱근이나 인수분해가 어렵다면 중학연산 1권 〈제곱근과 실수, 다항식의 곱셈, 인수분해 영역〉을, 이차방정식이나 이차함수가 어렵다면 중학연산 2권 〈이차방정식, 이차함수 영역〉을, 도형이 어렵다면 중학도형 〈삼각비, 원의 성질, 통계〉를 선택하여 정리해 보세요. 중3뿐 아니라 고1이라도 자신이 취약한 영역을 집중적으로 공부하여 학습 결손을 빠르게 보충하세요.

2. 중3이지만 수학이 약하거나, 중3 수학을 준비하는 중2라면?

중학 수학 진도에 맞게 중학연산 1권 → 중학연산 2권 → 중학도형 순서로 공부하세요. 기본 문제부터 풀 수 있어서, 중학 수학의 기초를 탄탄히 다질 수 있습니다.

3. 학원이나 공부방 선생님이라면?

1) 기초가 부족한 학생에게는 개념을 간단히 설명한 후 자습용 교재로 이용하세요.

2) 개념을 익힌 학생에게는 과제용 교재로 이용하세요.

3) 가벼운 선행 학습과 학습 결손을 보강하기 위한 방학용 초단기 교재로 적합합니다.

바빠 중학연산 1권은 26단계, 2권은 20단계, 중학도형은 16단계로 구성되어 있습니다.

 차례

유튜브 '대치동 임쌤 수학'을 검색하세요!

저자 직강 개념 강의 보기

바쁜 중3을 위한 빠른 중학도형

나만의 공부 계획을 세워 보자!

나의 권장 진도 _____ 일

나는 어떤 학생인가?	권장 진도
∨ 중학 3학년이지만, 수학이 어렵고 자신감이 부족하다. ∨ 도형이나 통계 문제만 보면 막막해진다. ∨ 중학 2학년 또는 중학 1학년이지만, 도전하고 싶다.	14일 진도 권장
∨ 도형 영역이 연산 영역보다 쉽다. ∨ 수학에 자신이 있지만, 실수를 줄이고 싶다.	7일 진도 권장

권장 진도표

날짜	□ 1일차	□ 2일차	□ 3일차	□ 4일차	□ 5일차	□ 6일차	□ 7일차
7일 진도	1~2과	3~4과	5~7과	8~10과	11~12과	13과	14~16과 ← 끝!
14일 진도	1과	2과	3과	4~5과	6과	7과	8~9과

날짜	□ 8일차	□ 9일차	□ 10일차	□ 11일차	□ 12일차	□ 13일차	□ 14일차
14일 진도	10과	11과	12과	13과	14과	15과	16과 ← 끝!

나 혼자 푼다!

첫째 마당

삼각비

첫째 마당에서는 직각삼각형에서 두 변의 길이의 비인 삼각비를 배울거야. 삼각비를 이용하면 직각삼각형에서 한 예각의 크기와 한 변의 길이를 알 때, 나머지 변의 길이를 구할 수 있어. 고대 그리스의 천문학자들이 두 별 사이의 거리를 직접 잴 수 없어도, 두 별을 바라보았을 때의 각의 크기와 지구에서 별까지의 거리와 삼각비를 이용하여 구할 수 있었다고 해. 이처럼 도형에서 삼각비를 활용하는 문제가 많으니 특수각과 삼각비의 표를 이용하는 방법을 잘 익혀 두자.

공부할 내용!	7일 진도	14일 진도	스스로 계획을 세워 봐!
01. 삼각비의 값	1일차	1일차	____월 ____일
02. 삼각형의 변의 길이 구하기		2일차	____월 ____일
03. 삼각비의 값의 활용	2일차	3일차	____월 ____일
04. 30°, 45°, 60°의 삼각비의 값		4일차	____월 ____일
05. 여러 가지 삼각비의 값			____월 ____일
06. 삼각비를 이용한 변의 길이 구하기	3일차	5일차	____월 ____일
07. 삼각비를 이용한 도형의 넓이 구하기		6일차	____월 ____일

01 삼각비의 값

개념 강의 보기

● **삼각비의 뜻**

① 삼각비 : 직각삼각형에서 두 변의 길이의 비

② $\angle B = 90°$인 직각삼각형 ABC에서 $\angle A$, $\angle B$, $\angle C$의 대변의 길이를 각각 a, b, c라 하면 $\angle A$에 대하여

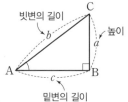

빗변의 길이 b, 높이 a, 밑변의 길이 c

• ($\angle A$의 사인)$=\dfrac{(높이)}{(빗변의 길이)}$ $\Rightarrow \sin A = \dfrac{\overline{BC}}{\overline{AC}} = \dfrac{a}{b}$

• ($\angle A$의 코사인)$=\dfrac{(밑변의 길이)}{(빗변의 길이)}$ $\Rightarrow \cos A = \dfrac{\overline{AB}}{\overline{AC}} = \dfrac{c}{b}$

• ($\angle A$의 탄젠트)$=\dfrac{(높이)}{(밑변의 길이)}$ $\Rightarrow \tan A = \dfrac{\overline{BC}}{\overline{AB}} = \dfrac{a}{c}$

이때 $\sin A, \cos A, \tan A$를 통틀어 $\angle A$의 삼각비라 한다.

바빠 꿀팁!

• sin, cos, tan는 각각 sine, cosine, tangent를 줄여서 쓴 거고 각각 사인, 코사인, 탄젠트 라고 읽어.
• 왼쪽 그림에서 $\angle C$의 삼각비는 아래와 같이 $\angle A$의 삼각비와 달라.

$\sin C = \dfrac{c}{b}$

$\cos C = \dfrac{a}{b}$

$\tan C = \dfrac{c}{a}$

오른쪽 그림의 직각삼각형 ABC에서

$\angle A$에 대한 삼각비는

$\sin A = \dfrac{3}{5}, \cos A = \dfrac{4}{5}, \tan A = \dfrac{3}{4}$

$\angle C$에 대한 삼각비는

$\sin C = \dfrac{4}{5}, \cos C = \dfrac{3}{5}, \tan C = \dfrac{4}{3}$

오른쪽 그림과 같이 $\triangle ABC, \triangle AB_1C_1, \triangle AB_2C_2, \cdots$ 닮은 도형에서 대응변의 길이의 비는 각각 같으므로

$\sin A = \dfrac{\overline{BC}}{\overline{AC}} = \dfrac{\overline{B_1C_1}}{\overline{AC_1}} = \dfrac{\overline{B_2C_2}}{\overline{AC_2}} = \cdots$

$\cos A = \dfrac{\overline{AB}}{\overline{AC}} = \dfrac{\overline{AB_1}}{\overline{AC_1}} = \dfrac{\overline{AB_2}}{\overline{AC_2}} = \cdots$

$\tan A = \dfrac{\overline{BC}}{\overline{AB}} = \dfrac{\overline{B_1C_1}}{\overline{AB_1}} = \dfrac{\overline{B_2C_2}}{\overline{AB_2}} = \cdots$

즉, $\angle A$의 크기가 정해지면 닮은 직각삼각형은 크기에 관계없이 삼각비의 값은 일정하다.

sin A는 점 A에서 출발하여 위로!

cos A는 점 A를 감싸고 돌아!

tan A는 점 A에서 출발하여 옆으로 쭉!

앗! 실수

삼각비는 한 직각삼각형에서도 구하는 기준각에 따라 높이와 밑변을 바꾸어 생각해야 해.
이때 기준각의 대변을 높이로 놓으면 돼.

높이

높이

높이

A sin의 값 구하기

직각삼각형 ABC에서

$$\sin A = \frac{a}{b}, \ \sin C = \frac{c}{b}$$

■ 오른쪽 그림과 같은 직각삼각형 ABC에 대하여 sin의 값을 구하여라.

1. $\sin A$

2. $\sin C$

■ 오른쪽 그림과 같은 직각삼각형 ABC에 대하여 sin의 값을 구하여라.

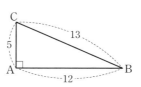

3. $\sin B$

4. $\sin C$

■ 오른쪽 그림과 같은 직각 삼각형 ABC에 대하여 sin의 값을 구하여라.

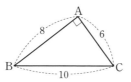

5. $\sin B$

6. $\sin C$

■ 오른쪽 그림과 같은 직각삼각형 ABC에 대하여 sin의 값을 구하여라.

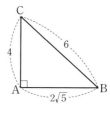

7. $\sin B$

8. $\sin C$

■ 오른쪽 그림과 같은 직각삼각형 ABC에 대하여 sin의 값을 구하여라.

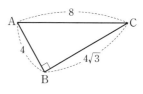

9. $\sin A$

10. $\sin C$

■ 오른쪽 그림과 같은 직각삼각형 ABC에 대하여 sin의 값을 구하여라.

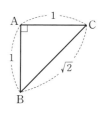

11. $\sin B$

12. $\sin C$

직각삼각형 ABC에서

$$\cos A = \frac{c}{b}, \cos C = \frac{a}{b}$$

■ 오른쪽 그림과 같은 직각삼각형 ABC에 대하여 cos의 값을 구하여라.

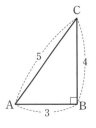

1. cos A

2. cos C

■ 오른쪽 그림과 같은 직각 삼각형 ABC에 대하여 cos의 값을 구하여라.

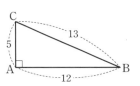

3. cos B

4. cos C

■ 오른쪽 그림과 같은 직각 삼각형 ABC에 대하여 cos의 값을 구하여라.

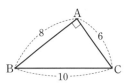

5. cos B

6. cos C

■ 오른쪽 그림과 같은 직각삼각형 ABC에 대하여 cos의 값을 구하여라.

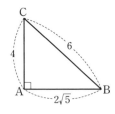

7. cos B

8. cos C

■ 오른쪽 그림과 같은 직각 삼각형 ABC에 대하여 cos의 값을 구하여라.

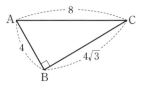

9. cos A

10. cos C

■ 오른쪽 그림과 같은 직각삼각형 ABC에 대하여 cos의 값을 구하여라.

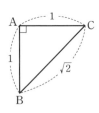

11. cos B

12. cos C

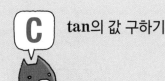

C **tan의 값 구하기**

직각삼각형 ABC에서

$\tan A = \dfrac{a}{c}, \tan C = \dfrac{c}{a}$

■ 오른쪽 그림과 같은 직각삼각형 ABC에 대하여 tan의 값을 구하여라.

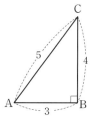

1. tan A

2. tan C

■ 오른쪽 그림과 같은 직각삼각형 ABC에 대하여 tan의 값을 구하여라.

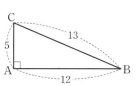

3. tan B

4. tan C

■ 오른쪽 그림과 같은 직각삼각형 ABC에 대하여 tan의 값을 구하여라.

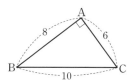

5. tan B

6. tan C

■ 오른쪽 그림과 같은 직각삼각형 ABC에 대하여 tan의 값을 구하여라.

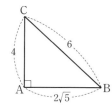

7. tan B

8. tan C

■ 오른쪽 그림과 같은 직각삼각형 ABC에 대하여 tan의 값을 구하여라.

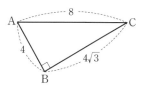

9. tan A

10. tan C

■ 오른쪽 그림과 같은 직각삼각형 ABC에 대하여 tan의 값을 구하여라.

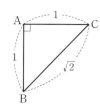

11. tan B

12. tan C

D 삼각비의 값

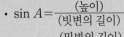 $\sin A = \dfrac{(\text{높이})}{(\text{빗변의 길이})}$

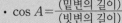 $\cos A = \dfrac{(\text{밑변의 길이})}{(\text{빗변의 길이})}$

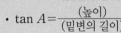 $\tan A = \dfrac{(\text{높이})}{(\text{밑변의 길이})}$

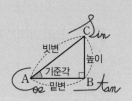

■ 오른쪽 그림과 같은 직각삼각형 ABC에 대하여 다음 삼각비의 값을 구하여라.

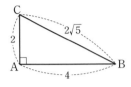

1. $\sin B$

2. $\cos B$

3. $\tan B$

4. $\sin C$

5. $\cos C$

6. $\tan C$

■ 오른쪽 그림과 같은 직각삼각형 ABC에 대하여 다음 삼각비의 값을 구하여라.

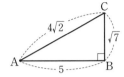

7. $\sin A$

8. $\cos A$

9. $\tan A$

10. $\sin C$

11. $\cos C$

12. $\tan C$

거저먹는 시험 문제

[1~5] 삼각비의 값

1. 오른쪽 그림과 같은 직각삼
   각형 ABC에 대하여 다음
   삼각비의 값을 구하여라.

   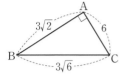

   (1) $\tan C$

   (2) $\sin B$

   (3) $\cos C$

   (4) $\tan B$

2. 오른쪽 그림과 같은 직각삼
   각형 ABC에서
   $\sin A \div \cos A$의 값을 구하
   여라.

   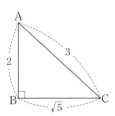

3. 오른쪽 그림과 같은 직각삼
   각형 ABC에서
   $\tan B \times \tan C$의 값은?

   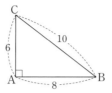

   ① $\dfrac{12}{25}$ ② $\dfrac{9}{16}$ ③ $\dfrac{3}{5}$

   ④ 1 ⑤ $\dfrac{16}{9}$

4. 오른쪽 그림과 같은 직
   각삼각형 ABC에서
   $\cos A \times \tan A$의 값을
   구하여라.

   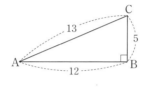

5. 오른쪽 그림의 직각삼각형
   ABC에 대하여 다음 중 항상
   옳은 것을 모두 고르면?

   (정답 2개)

   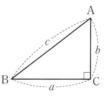

   ① $\sin A = \cos A$
   ② $\sin A = \cos B$
   ③ $\tan A = \tan B$
   ④ $\sin A = \tan A$
   ⑤ $\sin B = \cos A$

삼각형의 변의 길이 구하기

개념 강의 보기

● **직각삼각형에서 변의 길이 구하기**

피타고라스 정리를 이용하면 직각삼각형에서 두 변의 길이를 알 때, 나머지 한 변의 길이를 구할 수 있다.

오른쪽 그림과 같이 $\angle C = 90°$인 직각삼각형 ABC에서

① 밑변의 길이 a와 높이 b를 알 때

$$\overline{AB}^2 = a^2 + b^2$$
$$\Rightarrow \overline{AB} = \sqrt{a^2 + b^2}$$

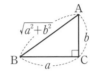

② 밑변의 길이 a와 빗변의 길이 c를 알 때

$$\overline{AC}^2 = c^2 - a^2$$
$$\Rightarrow \overline{AC} = \sqrt{c^2 - a^2}$$

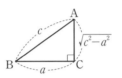

③ 높이 b와 빗변의 길이 c를 알 때

$$\overline{BC}^2 = c^2 - b^2$$
$$\Rightarrow \overline{BC} = \sqrt{c^2 - b^2}$$

바빠 꿀팁!

2학년 때 피타고라스 정리를 배웠지. 피타고라스 정리는 직각삼각형에서 두 변의 길이를 알면 나머지 한 변의 길이를 구할 수 있는 정리였어. 그런데 이 단원에서는 직각삼각형에서 한 변의 길이와 삼각비를 알아도 나머지 두 변의 길이를 알 수 있다는 걸 배우는 거야.

● **삼각비의 값이 주어질 때, 삼각형의 변의 길이 구하기**

오른쪽 그림과 같이 직각삼각형 ABC에서 한 변의 길이가 $\overline{AB} = 13$이고 $\sin B = \dfrac{5}{13}$일 때, $\overline{AC}$, $\overline{BC}$의 길이를 구해 보자.

$\sin B = \dfrac{\overline{AC}}{\overline{AB}}$이므로 $\dfrac{5}{13} = \dfrac{\overline{AC}}{13}$ $\therefore \overline{AC} = 5$

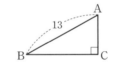

$\overline{BC} = \sqrt{\overline{AB}^2 - \overline{AC}^2}$이므로 $\overline{BC} = \sqrt{13^2 - 5^2} = \sqrt{144} = 12$

● **한 삼각비의 값을 알 때 다른 삼각비의 값 구하기**

직각삼각형 ABC에서 $2\sin B - 1 = 0$일 때, $\cos B$, $\tan B$의 값을 구해 보자.

$\sin B = \dfrac{1}{2}$이므로 $\overline{AB} = 2$로 놓으면

$\overline{AC} = 1$, $\overline{BC} = \sqrt{2^2 - 1^2} = \sqrt{3}$

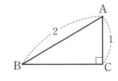

$\therefore \cos B = \dfrac{\sqrt{3}}{2}$, $\tan B = \dfrac{1}{\sqrt{3}} = \dfrac{\sqrt{3}}{3}$

앗! 실수

위의 문제와 같이 $\sin B = \dfrac{1}{2}$이더라도 $\overline{AB} = 2$, $\overline{AC} = 1$인 것은 아니야. 비율이 $\dfrac{1}{2}$인 것이지 실제 길이는 $\overline{AB} = 10$, $\overline{AC} = 5$일 수도 있는 거지. 하지만 실제 길이를 구하는 문제가 아니라 다른 삼각비를 구하는 문제이면 $\overline{AB} = 2$, $\overline{AC} = 1$로 놓고 풀어도 삼각비의 값은 같아져.

A 직각삼각형의 변의 길이

- $c=\sqrt{a^2+b^2}$
- $b=\sqrt{c^2-a^2}$
- $a=\sqrt{c^2-b^2}$

잊지 말자. 꼬~옥!

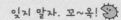

■ 다음 그림의 직각삼각형에서 x의 값을 구하여라.

1.

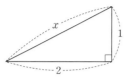

2.

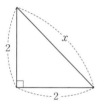

3.

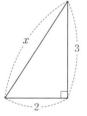

4.

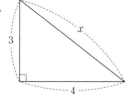

5.

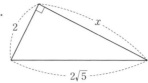

6.

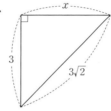

7.

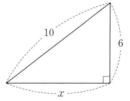

8.

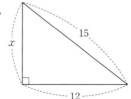

B 직각삼각형의 변의 길이를 구한 후 삼각비의 값 구하기

오른쪽 그림에서 $\overline{AB} : \overline{BC} = 1 : 2$일 때, $\sin B$의 값은 $\overline{AB} = k$, $\overline{BC} = 2k$라 하면
$$\overline{CA} = \sqrt{(2k)^2 - k^2} = \sqrt{3}k$$
$$\therefore \sin B = \frac{\overline{AC}}{\overline{BC}} = \frac{\sqrt{3}k}{2k} = \frac{\sqrt{3}}{2}$$

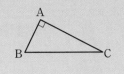

■ 오른쪽 그림과 같은 직각삼각형 ABC에 대하여 다음 삼각비의 값을 구하여라.

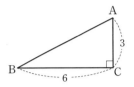

1. $\sin A$

2. $\cos B$

3. $\tan B$

■ 오른쪽 그림과 같은 직각삼각형 ABC에 대하여 다음 삼각비의 값을 구하여라.

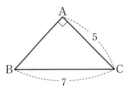

4. $\tan C$

5. $\sin B$

6. $\cos C$

■ 오른쪽 그림과 같은 직각삼각형 ABC에서 $\overline{AB} : \overline{BC} = 1 : \sqrt{3}$일 때, 다음을 구하여라.

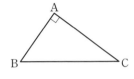

7. $\sin B$
[Help] $\overline{AB} = k$, $\overline{BC} = \sqrt{3}k$로 놓고 $\overline{AC}$의 값을 구한다.

8. $\tan C$

9. $\cos B$

■ 오른쪽 그림과 같은 직각삼각형 ABC에서 $\overline{AB} : \overline{AC} = 2 : 1$일 때, 다음을 구하여라.

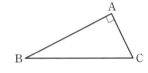

10. $\sin C$

11. $\tan B$

12. $\cos C$

$\overline{AB}=10$, $\sin A=\dfrac{4}{5}$일 때, $\overline{BC}$의 길이를 구해 보자.

$\sin A=\dfrac{\overline{BC}}{10}=\dfrac{4}{5}$에서 $\overline{BC}=8$

■ 오른쪽 그림과 같은 직각삼각형
ABC에서 $\sin A=\dfrac{1}{2}$이다.
$\overline{BC}=4$일 때, 다음을 구하여라.

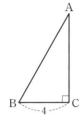

1. $\overline{AB}$

Help $\sin A=\dfrac{4}{\overline{AB}}=\dfrac{1}{2}$

2. $\overline{AC}$

■ 오른쪽 그림과 같은 직각삼각형
ABC에서 $\cos C=\dfrac{\sqrt{2}}{3}$이다.
$\overline{AC}=9$일 때, 다음을 구하여라.

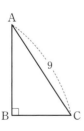

3. $\overline{BC}$

4. $\overline{AB}$

■ 오른쪽 그림과 같은
직각삼각형 ABC에서
$\tan B=\sqrt{3}$이다.
$\overline{AC}=6$일 때, 다음을 구
하여라.

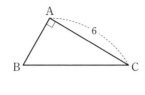

5. $\overline{AB}$

Help $\tan B=\dfrac{6}{\overline{AB}}=\sqrt{3}$

6. $\overline{BC}$

■ 오른쪽 그림과 같은
직각삼각형 ABC에서
$\tan B=\dfrac{\sqrt{2}}{4}$이다.
$\overline{AB}=2$일 때, 다음을 구하여라.

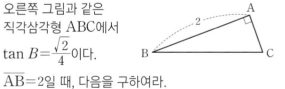

7. $\overline{AC}$

8. $\overline{BC}$

D 한 삼각비의 값을 알 때 다른 삼각비의 값 구하기 1

$\overline{AB}=6$, $\sin B=\dfrac{\sqrt{3}}{3}$일 때, $\cos B$의 값을 구해 보자.

$\sin B=\dfrac{\overline{AC}}{6}=\dfrac{\sqrt{3}}{3}$에서 $\overline{AC}=2\sqrt{3}$

$\overline{BC}=2\sqrt{6}$ ∴ $\cos B=\dfrac{2\sqrt{6}}{6}=\dfrac{\sqrt{6}}{3}$

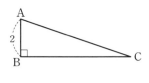

■ 오른쪽 그림과 같은 직각삼각형 ABC에서 $\cos A=\dfrac{\sqrt{2}}{2}$이다. $\overline{AB}=2\sqrt{2}$ 일 때, 다음을 구하여라.

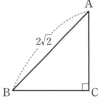

1. $\sin A$

2. $\tan B$

■ 오른쪽 그림과 같은 직각삼각형 ABC에서 $\sin B=\dfrac{5}{7}$이다. $\overline{AC}=10$ 일 때, 다음을 구하여라.

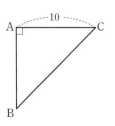

3. $\tan C$

4. $\cos B$

■ 오른쪽 그림과 같은 직각삼각형 ABC에서 $\tan A=3$이다. $\overline{AB}=2$일 때, 다음을 구하여라.

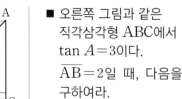

(앗실수)

5. $\tan C \times \cos A$

6. $\sin A \div \cos C$

■ 오른쪽 그림과 같은 직각삼각형 ABC에서 $\tan C=\dfrac{\sqrt{2}}{2}$이다. $\overline{AC}=8$일 때, 다음을 구하여라.

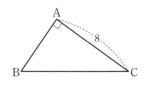

7. $\sin C \times \tan B$

8. $\tan B \div \cos C$

E 한 삼각비의 값을 알 때 다른 삼각비의 값 구하기 2

$3\cos B - 2 = 0$일 때, $\sin B$, $\tan B$의 값은

$\cos B = \dfrac{2}{3}$이므로 $\overline{AB} = 3$으로 놓으면

$\overline{BC} = 2$, $\overline{AC} = \sqrt{3^2 - 2^2} = \sqrt{5}$

$\therefore \sin B = \dfrac{\sqrt{5}}{3}$, $\tan B = \dfrac{\sqrt{5}}{2}$

■ ∠C＝90°인 직각삼각형 ABC에서 다음을 구하여라.

1. $\sin A = \dfrac{4}{5}$일 때, $\sin B + \cos A$

2. $\sin B = \dfrac{\sqrt{2}}{2}$일 때, $\cos B - \sin A$

3. $\cos A = \dfrac{2\sqrt{2}}{3}$일 때, $\tan B \div \cos B$

4. $\tan B = \sqrt{3}$일 때, $\sin B \times \cos A$

5. $3\sin A - 2 = 0$일 때, $6(\sin B + \tan B)$

6. $2\cos B - 1 = 0$일 때, $2\sin A \times \tan B$

7. $5\sin A - 2\sqrt{5} = 0$일 때, $5\tan A \times \cos B$

8. $\sqrt{6}\sin B - 2 = 0$일 때, $3\cos A \times \tan B$

[1~3] 삼각비의 값

적중률 100%

1. 오른쪽 그림과 같은 직각 삼각형 ABC에서 $\sin A \div \cos A$의 값을 구하여라

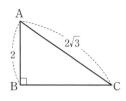

2. 오른쪽 그림과 같은 직각삼각형 ABC에서 $\overline{AB} : \overline{AC} = 3 : 2$일 때, $\tan A$의 값을 구하여라.

앗 실수

3. 오른쪽 그림과 같은 직각삼각형 ABC에서 $\overline{AB}=17$, $\overline{AD}=10$, $\overline{DC}=6$일 때, $\cos B$의 값은?

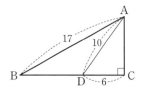

① $\dfrac{1}{3}$ ② $\dfrac{7}{9}$ ③ $\dfrac{11}{12}$

④ $\dfrac{8}{15}$ ⑤ $\dfrac{15}{17}$

[4~6] 한 삼각비의 값이 주어질 때의 활용

적중률 90%

4. 오른쪽 그림과 같은 직각삼각형 ABC에서 $\overline{AB}=3\sqrt{2}$ cm, $\tan C = \dfrac{\sqrt{2}}{2}$일 때, $\overline{AC}$의 길이는?

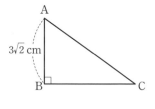

① $2\sqrt{7}$ cm   ② $2\sqrt{11}$ cm   ③ $2\sqrt{15}$ cm

④ $3\sqrt{6}$ cm   ⑤ $4\sqrt{5}$ cm

5. 오른쪽 그림과 같은 직각삼각형 ABC에서 $\overline{AB}=4\sqrt{5}$ cm, $\sin A = \dfrac{2\sqrt{5}}{5}$일 때, 삼각형 ABC의 넓이를 구하여라.

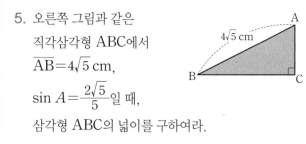

6. $\angle B=90°$인 직각삼각형 ABC에서 $\cos C = \dfrac{2}{3}$일 때, $6(\sin C + \tan C)$의 값은?

① 6   ② $4\sqrt{3}$ ③ $5\sqrt{5}$

④ $5\sqrt{7}$ ⑤ $6\sqrt{5}$

03 삼각비의 값의 활용

개념 강의 보기

● **직각삼각형의 닮음을 이용하여 삼각비의 값 구하기 1**

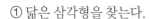

직각삼각형 ABC에서 $\overline{AH} \perp \overline{BC}$일 때, 닮음을 이용하여 삼각비의 값을 다음과 같이 구한다.

① 닮은 삼각형을 찾는다.

$\triangle ABC \backsim \triangle HBA \backsim \triangle HAC$(AA 닮음)

② 크기가 같은 대응각을 찾는다.

$\angle ABC = \angle HAC, \angle BCA = \angle BAH$

③ 삼각비의 값을 구한다.

오른쪽 그림에서 $\overline{BC} = \sqrt{4^2 + 3^2} = 5$이고

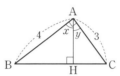

$\angle ACB = \angle HAB = x, \angle ABC = \angle HAC = y$이므로

$\sin x = \dfrac{4}{5}, \sin y = \dfrac{3}{5}$

바빠 **꿀팁!**

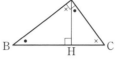

위의 그림에서 $\sin x$를 구하려면 $\overline{BH}$의 길이를 알아야 해. 선분의 길이를 구하지 않고 삼각비를 구하는 방법은 아래 그림과 같이 $\angle x, \angle y$와 크기가 같은 각을 삼각형 ABC에서 찾은 후 삼각비를 구하는 거야.

● **직각삼각형의 닮음을 이용하여 삼각비의 값 구하기 2**

직각삼각형 ABC에서

① $\overline{DE} \perp \overline{BC}$일 때,

$\triangle ABC \backsim \triangle EBD$(AA 닮음)

⇨ $\angle ACB = \angle EDB$

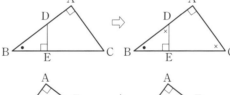

② $\angle ABC = \angle AED$일 때,

$\triangle ABC \backsim \triangle AED$(AA 닮음)

⇨ $\angle ACB = \angle ADE$

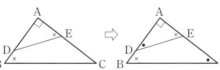

우리는 크기가 달라도 닮음이라서 삼각비의 값이 같아!

● **직선의 방정식이 주어질 때, 삼각비의 값 구하기**

직선 l이 x축과 이루는 예각의 크기를 a라 할 때,

① x축, y축의 교점 A, B의 좌표를 구한다.

② 직각삼각형 AOB에서 삼각비의 값을 구한다.

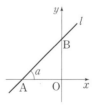

$\sin a = \dfrac{\overline{BO}}{\overline{AB}}, \cos a = \dfrac{\overline{AO}}{\overline{AB}}, \tan a = \dfrac{\overline{BO}}{\overline{AO}}$

(단, 좌표가 음수이어도 삼각비의 값은 길이로 구하는 것이므로 절댓값으로 생각한다.)

 앗! 실수

두 직각삼각형이 닮음인지 알아보려면 한 예각의 크기가 같은지 보면 돼. 직각과 한 예각의 크기가 같으면 AA 닮음이 되거든. 닮은 삼각형에서는 삼각비의 값이 같으므로 길이가 주어진 닮은 삼각형을 찾아서 삼각비의 값을 구하면 돼.

A 직각삼각형에서의 AA닮음

- 두 직각삼각형에서는 직각이 있으므로 한 예각의 크기만 같으면 서로 닮음(AA 닮음)이다.
- ∠A＝90°인 직각삼각형 ABC에서
  $\overline{AH} \perp \overline{BC}$일 때,
  △ABC∽△HBA∽△HAC (AA 닮음)

■ 아래 그림과 같은 직각삼각형 ABC에서 다음을 구하여라.

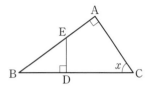

1. △ABC와 닮음인 삼각형
   Help 닮음인 삼각형은 대응각의 순서에 맞게 쓴다.

2. x와 크기가 같은 각

■ 아래 그림과 같은 직각삼각형 ABC에서 다음을 구하여라. (단, ∠ABC＝∠AED)

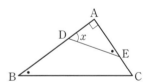

3. △ABC와 닮음인 삼각형

4. x와 크기가 같은 각

■ 아래 그림과 같은 직각삼각형 ABC에서 다음을 구하여라.

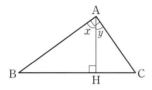

5. △ABC에서 x와 크기가 같은 각

6. △ABC에서 y와 크기가 같은 각

■ 아래 그림과 같은 직사각형 ABCD에서 다음을 구하여라.

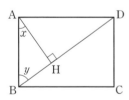

7. x와 크기가 같은 모든 각

8. y와 크기가 같은 모든 각

직각삼각형의 닮음을 이용하여 삼각비의 값 구하기 1

직각삼각형 ABC에서 $\overline{AH} \perp \overline{BC}$일 때,
$\triangle ABC \backsim \triangle HBA \backsim \triangle HAC$(AA 닮음)이
므로 $\angle ABC = \angle HAC$, $\angle BCA = \angle BAH$
아하 그렇구나!

■ 오른쪽 그림과 같은 직각
삼각형 ABC에서 다음
을 구하여라.

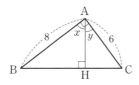

1. $\sin x$

  Help $\overline{BC} = \sqrt{8^2 + 6^2}$, $\angle BCA = x$

2. $\tan y$

3. $\cos y$

■ 오른쪽 그림과 같은 직
각삼각형 ABC에서 다
음을 구하여라.

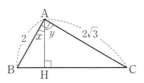

4. $\tan x$

5. $\sin y$

6. $\cos x$

■ 오른쪽 그림과 같은 직사
각형 ABCD에서 다음을
구하여라.

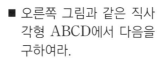

7. $\sin x$

  Help $\overline{BD} = \sqrt{5^2 + 12^2}$, $\angle ADB = x$

8. $\tan x$

■ 오른쪽 그림과 같은 직사각
형 ABCD에서 다음을 구하
여라.

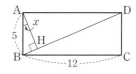

9. $\cos x$

10. $\sin x$

오른쪽 그림에서 $\cos B$의 값을 구해 보자.
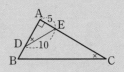
$\triangle ABC \backsim \triangle AED$ (AA 닮음)
이므로 $\angle ACB = \angle ADE$
$\therefore \cos B = \cos E = \dfrac{5}{10} = \dfrac{1}{2}$

■ 오른쪽 그림과 같은 직각
삼각형 ABC에서 다음
을 구하여라.

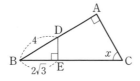

1. $\sin x - \cos x$

Help $\angle BDE = x$

2. $\tan x + \sin x$

■ 오른쪽 그림과 같은 직
각삼각형 ABC에서 다
음을 구하여라.

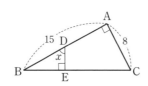

3. $\cos x \times \tan x$

Help $\angle BCA = x$

4. $\sin x \div \cos x$

■ 오른쪽 그림과 같
은 직각삼각형
ABC에서 다음을
구하여라.
(단, $\angle AED = \angle ABC$)

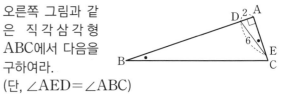

5. $\sin B + \cos B$

6. $\tan B \times \sin C$

Help $\angle ADE = \angle C$

■ 오른쪽 그림과 같은 직
각삼각형 ABC에서 다
음을 구하여라.
(단, $\angle ADE = \angle ACB$)

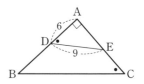

7. $\cos B \times \sin B$

8. $\cos C \div \tan B$

D 직선의 방정식이 주어질 때 삼각비의 값 구하기

오른쪽 그림에서 직선 $y=2x+2$와 x축과의 교점의 x좌표는 $y=0$일 때 -1이고 y축과의 교점의 y좌표는 $x=0$일 때 2이므로 $\overline{AB}=\sqrt{5}$

$\therefore \sin a = \dfrac{2}{\sqrt{5}} = \dfrac{2\sqrt{5}}{5}$

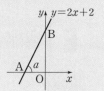

■ 아래 그림과 같이 주어진 일차방정식의 그래프에서 다음을 구하여라.

1. $2x-3y+6=0$일 때,

   $\sin a$의 값

   Help $y=0$을 대입하여 x축과의 교점의 x좌표를 구하고, $x=0$일 때 y축과의 교점의 y좌표를 구한다. x축과 만나는 점의 x좌표가 음수이어도 삼각비의 값은 절댓값으로 계산한다.

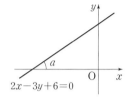

2. $x-3y+9=0$일 때,

   $\cos a$의 값

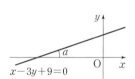

3. $3x-y+6=0$일 때,

   $\tan a$의 값

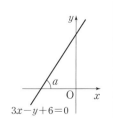

4. $y=2x+4$일 때,

   $\sin a - \cos a$의 값

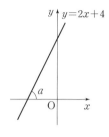

5. $y=\dfrac{1}{2}x+1$일 때,

   $\sin a \times \tan a$의 값

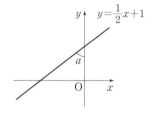

6. $y=\dfrac{4}{3}x-8$일 때,

   $\sin a - \cos a + \tan a$의 값

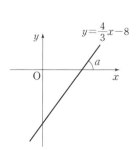

다음과 같이 대각선의 길이를 구한 후 삼각비의 값을 구해.
- 가로의 길이, 세로의 길이가 a, b인 직사각형의 대각선의 길이
  $\Rightarrow \sqrt{a^2+b^2}$
- 가로의 길이, 세로의 길이, 높이가 a, b, c인 직육면체의 대각선의 길이 $\Rightarrow \sqrt{a^2+b^2+c^2}$

■ 다음 그림과 같은 정육면체에서 $\cos x$의 값을 구하여라.

1.

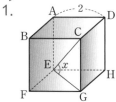

Help $\overline{EG}=\sqrt{2^2+2^2}$, $\angle EGC=90°$이므로 $\cos x=\dfrac{\overline{EG}}{\overline{EC}}$

2.

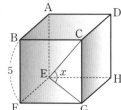

3.

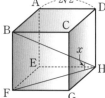

■ 다음 그림과 같은 직육면체에서 $\cos x$의 값을 구하여라.

4.

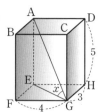

Help $\angle AEG=90°$이므로 $\cos x=\dfrac{\overline{EG}}{\overline{AG}}$

5.

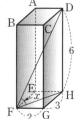

6.

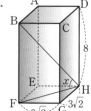

아싸!~

거저먹는 시험 문제

[1~4] 직각삼각형의 닮음의 활용

1. 오른쪽 그림과 같은 직각삼각형 ABC에서 $\overline{AH}\perp\overline{BC}$이고 $\overline{AB}=4$, $\overline{AC}=4\sqrt{3}$ 일 때, $\sin x + \cos y$의 값은?

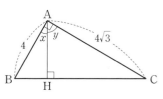

① 1
② $\sqrt{2}$
③ $\sqrt{3}$
④ $\dfrac{3}{2}$
⑤ $\dfrac{1+\sqrt{2}}{2}$

2. 오른쪽 그림과 같은 직각삼각형 ABC에서 $\overline{AB}\perp\overline{CD}$이고 $\overline{AC}=5$, $\tan x=3$일 때, $\overline{AB}$의 길이는?

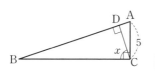

① $4\sqrt{5}$
② $5\sqrt{3}$
③ $5\sqrt{10}$
④ $8\sqrt{3}$
⑤ $10\sqrt{2}$

3. 오른쪽 그림과 같은 직사각형 ABCD에서 $\cos x \times \tan x$의 값을 구하여라.

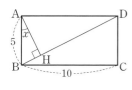

앗! 실수

4. 오른쪽 그림과 같은 직각삼각형 ABC에서 $\overline{AC}\perp\overline{DE}$, $\overline{DC}=2\sqrt{5}$, $\overline{DE}=4$일 때, $\tan x$의 값은?

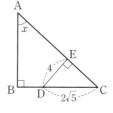

① $\dfrac{1}{2}$
② $\dfrac{\sqrt{2}}{2}$
③ 1
④ $\dfrac{4\sqrt{3}}{3}$
⑤ 3

[5] 직선의 방정식이 주어질 때의 활용

5. 오른쪽 그림과 같이 일차방정식 $x-2y-4=0$의 그래프와 x축이 이루는 예각의 크기를 a라 할 때, $\tan a$의 값은?

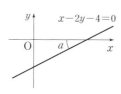

① $\dfrac{\sqrt{2}}{2}$
② $\dfrac{1}{3}$
③ $\dfrac{1}{2}$
④ $\dfrac{\sqrt{3}}{2}$
⑤ $\dfrac{\sqrt{2}}{3}$

[6] 입체도형에서 삼각비의 값

6. 오른쪽 그림과 같이 $\overline{AB}=6$, $\overline{AE}=6$, $\overline{BC}=3$인 직육면체에서 대각선 AG와 밑면의 대각선 AC가 이루는 ∠CAG의 크기를 x라 할 때, $\cos x$의 값을 구하여라.

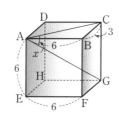

04

30°, 45°, 60°의 삼각비의 값

개념 강의 보기

● 45°의 삼각비의 값

∠A = ∠C = 45°이고 ∠B = 90°인 직각이등변삼각형
ABC의 세 변의 길이의 비는 $\overline{CA} : \overline{AB} : \overline{BC} = \sqrt{2} : 1 : 1$
이므로 45°의 삼각비의 값은 다음과 같다.

$$\sin 45° = \frac{1}{\sqrt{2}} = \frac{\sqrt{2}}{2}, \cos 45° = \frac{1}{\sqrt{2}} = \frac{\sqrt{2}}{2},$$

$$\tan 45° = \frac{1}{1} = 1$$

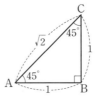

바빠 꿀팁!

30°, 45°, 60°의 삼각비의 값을 이렇게 외우면 좀 더 쉽게 외울 수 있어.
$\sin 30° = \cos 60°$
$\sin 45° = \cos 45°$
$\tan 30° = \dfrac{1}{\tan 60°}$

● 30°, 60°의 삼각비의 값

∠A = 60°, ∠C = 30°이고 ∠B = 90°인 직각삼각형 ABC의
세 변의 길이의 비는 $\overline{CA} : \overline{AB} : \overline{BC} = 2 : 1 : \sqrt{3}$ 이므로 30°,
60°의 삼각비의 값은 각각 다음과 같다.

$$\sin 60° = \frac{\sqrt{3}}{2}, \cos 60° = \frac{1}{2}, \tan 60° = \frac{\sqrt{3}}{1} = \sqrt{3}$$

$$\sin 30° = \frac{1}{2}, \cos 30° = \frac{\sqrt{3}}{2}, \tan 30° = \frac{1}{\sqrt{3}} = \frac{\sqrt{3}}{3}$$

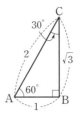

따라서 30°, 45°, 60°의 삼각비의 값을 정리하면 다음 표와 같다.

삼각비＼A	30°	45°	60°
$\sin A$	$\dfrac{1}{2}$	$\dfrac{\sqrt{2}}{2}$	$\dfrac{\sqrt{3}}{2}$
$\cos A$	$\dfrac{\sqrt{3}}{2}$	$\dfrac{\sqrt{2}}{2}$	$\dfrac{1}{2}$
$\tan A$	$\dfrac{\sqrt{3}}{3}$	1	$\sqrt{3}$

● 삼각비의 값을 이용하여 각의 크기, 변의 길이 구하기

① 직각삼각형 ABC에서 삼각비의 값이 주어질 때, 예각 x의 크기를 구해 보자.

$$\sin x = \frac{\sqrt{3}}{2} \,(단, 0° < x < 90°) \Rightarrow x = 60°$$

$$\sin (x - 15°) = \frac{1}{2} \,(단, 15° < x < 105°)$$

$$\Rightarrow x - 15° = 30° \quad \therefore x = 45°$$

② 직각삼각형 ABC에서 x의 값을 구해 보자.

$$\cos 30° = \frac{x}{\overline{AC}} 이므로 \frac{\sqrt{3}}{2} = \frac{x}{6} \quad \therefore x = 3\sqrt{3}$$

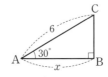

30˚, 45˚, 60˚의 삼각비의 값은 무조건 외워야 하는데 먼저 표를 그려 순서대로 외우고 순서 없이 아무거나 물어도 바로 답할 수 있는 정도까지 외워야 해.

아하 그렇구나!

■ 다음을 구하여라.

1. sin 30˚

2. tan 45˚

3. cos 60˚

4. tan 60˚

5. sin 45˚

6. cos 30˚

7. cos 45˚

8. sin 60˚

9. tan 30˚

10. 다음 표를 완성하여라.

삼각비 \ A	30˚	45˚	60˚
sin A			
cos A			
tan A			

B $30°$, $45°$, $60°$의 삼각비의 값 2

- $\sin 30° = \cos 60° = \dfrac{1}{2}$, $\sin 60° = \cos 30° = \dfrac{\sqrt{3}}{2}$
- $\sin 45° = \cos 45° = \dfrac{\sqrt{2}}{2}$, $\tan 60° = \dfrac{1}{\tan 30°} = \sqrt{3}$

이 정도는 암기해야 해~ 암암!

■ 다음을 구하여라.

1. $\sin 30° + \cos 60°$

2. $\tan 60° + \cos 30°$

3. $\cos 60° \times \tan 30°$

4. $\sin 45° - \cos 45°$

5. $\sin 60° \div \cos 30°$

6. $2\sqrt{3}\cos 30° + \sqrt{3}\tan 60° + \sin 30°$

7. $\sin 60° \times \tan 30° + \sqrt{3}\cos 60° \times \tan 60°$

8. $\sqrt{3}\cos 45° \times \tan 30° + \sqrt{6}\sin 60° \times \tan 45°$

9. $\dfrac{\tan 45° + \sqrt{2}\sin 45°}{\cos 60° + \sin 30°}$

10. $\dfrac{\cos 45° + \sin 45°}{\tan 60° \times \sin 60°}$

C 30°, 45°, 60°의 삼각비의 값을 이용하여 각의 크기 구하기

$\cos(x-15°)=\dfrac{\sqrt{3}}{2}$ 일 때, $\tan x$의 값을 구해 보자.

(단, $15° < x < 105°$)

$\cos 30°=\dfrac{\sqrt{3}}{2}$ 이므로 $x-15°=30°$, $x=45°$

$\therefore \tan 45°=1$

■ 다음을 만족하는 x의 크기를 구하여라.

(단, $0° < x < 90°$)

1. $\sin x = \dfrac{\sqrt{2}}{2}$

2. $\cos x = \dfrac{\sqrt{3}}{2}$

3. $\tan x = \dfrac{\sqrt{3}}{3}$

4. $\sin x = \dfrac{\sqrt{3}}{2}$

5. $\tan x = 1$

6. $\cos x = \dfrac{1}{2}$

■ 다음을 구하여라.

7. $\sin(x+15°)=\dfrac{\sqrt{3}}{2}$ 일 때, $\sin x - \cos x$의 값

(단, $0° < x < 75°$)

Help $\sin 60° = \dfrac{\sqrt{3}}{2}$

8. $\cos(x+15°)=\dfrac{1}{2}$ 일 때, $2\cos x \times \tan x$의 값

(단, $0° < x < 75°$)

9. $\tan(2x-30°)=\dfrac{\sqrt{3}}{3}$ 일 때, $\sin x \div \cos x$의 값

(단, $15° < x < 60°$)

10. $\sin(2x-30°)=\dfrac{1}{2}$ 일 때, $\sin x \times \cos x$의 값

(단, $15° < x < 60°$)

D 30°, 45°, 60°의 삼각비의 값을 이용하여 변의 길이 구하기

오른쪽 그림에서 x의 값을 구해 보자.

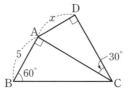

$\tan 60° = \dfrac{\overline{BC}}{4}, \sqrt{3} = \dfrac{\overline{BC}}{4} \qquad \therefore \overline{BC} = 4\sqrt{3}$

$\tan 45° = \dfrac{\overline{DC}}{4}, 1 = \dfrac{\overline{DC}}{4} \qquad \therefore \overline{DC} = 4$

$\therefore x = \overline{BC} - \overline{DC} = 4\sqrt{3} - 4$

■ 다음 그림에서 x의 값을 구하여라.

1.

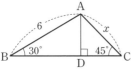

(Help) $\sin 30° = \dfrac{\overline{AD}}{6}, \sin 45° = \dfrac{\overline{AD}}{x}$

2.

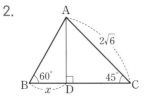

3.

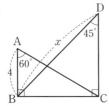

4.

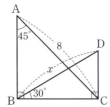

5.

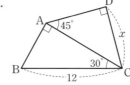

6.

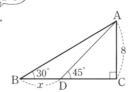

7. 앗실수

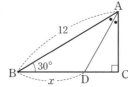

(Help) $x = \overline{BC} - \overline{DC}$

8.

(Help) $\angle BAC = 60°$이므로
$\angle DAC = 30°, \angle ADC = 60°$

[1~2] 30°, 45°, 60°의 삼각비의 값

적중률 100%

1. 다음 중 옳지 <u>않은</u> 것은?

① $\tan 60° \div \cos 30° = 2$

② $\sin 60° - \cos 30° = 0$

③ $\sin 30° \times \tan 45° = \dfrac{1}{2}$

④ $\tan 30° \times \sin 60° = 1$

⑤ $\cos 45° \times \cos 60° = \dfrac{\sqrt{2}}{4}$

2. $\dfrac{\cos 60° + \sin 30°}{2\sin 60° + \tan 60°}$ 를 계산하여라.

[3~6] 30°, 45°, 60°의 삼각비의 값의 응용

적중률 80%

3. $\tan(3x - 60°) = \dfrac{\sqrt{3}}{3}$ 일 때, $2\sin x - 4\sqrt{3}\cos x$의

값은? (단, $20° < x < 50°$)

① -5 ② $-\sqrt{2}$ ③ 0

④ 1 ⑤ $5\sqrt{2}$

4. 오른쪽 그림과 같이 삼각형 ABC와 삼각형 DBC는 직각삼각형이다. $\angle DBC = 30°$, $\angle ACB = 45°$, $\overline{CD} = 4$일 때, $\overline{AC}$의 길이는?

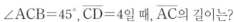

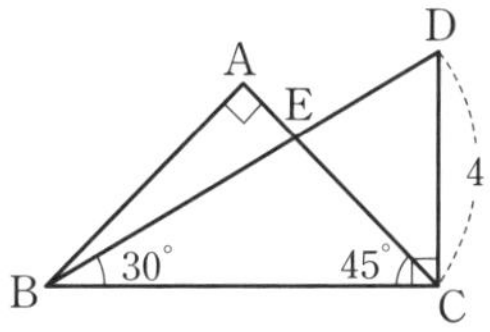

① $2\sqrt{3}$ ② $2\sqrt{6}$ ③ $3\sqrt{3}$

④ $3\sqrt{5}$ ⑤ $4\sqrt{2}$

앗! 실수

5. 오른쪽 그림과 같은 직각삼각형 ABC에서 $\overline{BD} = \overline{DC}$이고 $\overline{AB} = 8$, $\angle B = 30°$일 때, $\overline{AD}$의 길이를 구하여라.

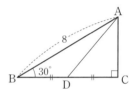

앗! 실수

6. 오른쪽 그림에서 $\angle ABC = 30°$, $\angle ADC = 60°$, $\overline{AD} = 4$ cm일 때, 삼각형 ABC의 넓이는?

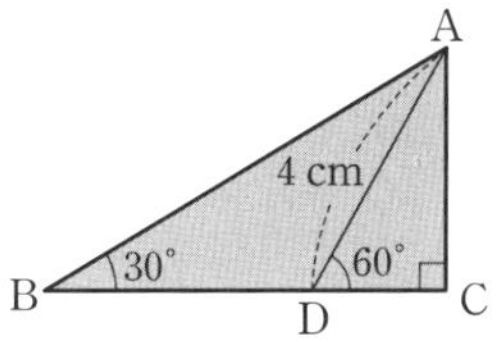

① $5\sqrt{2}$ cm^2 ② 8 cm^2 ③ $6\sqrt{3}$ cm^2

④ $10\sqrt{3}$ cm^2 ⑤ 15 cm^2

05 여러 가지 삼각비의 값

개념 강의 보기

● **예각의 삼각비의 값**

반지름의 길이가 1인 사분원에서 예각 x에 대하여

① $\sin x = \dfrac{\overline{\text{AB}}}{\overline{\text{OA}}} = \dfrac{\overline{\text{AB}}}{1} = \overline{\text{AB}}$

② $\cos x = \dfrac{\overline{\text{OB}}}{\overline{\text{OA}}} = \dfrac{\overline{\text{OB}}}{1} = \overline{\text{OB}}$

③ $\tan x = \dfrac{\overline{\text{CD}}}{\overline{\text{OD}}} = \dfrac{\overline{\text{CD}}}{1} = \overline{\text{CD}}$

바빠 꿀팁!

• $0° \le x < 45°$이면
 $\sin x < \cos x$
• $x = 45°$이면
 $\sin x = \cos x < \tan x$
• $45° < x < 90°$이면
 $\cos x < \sin x < \tan x$
 따라서
 $x = 20°$이면
 $\sin 20° < \cos 20°$
 $x = 50°$이면
 $\cos 50° < \sin 50° < \tan 50°$

● **$0°$, $90°$의 삼각비의 값**

① $0°$의 삼각비의 값

$\sin 0° = 0,\ \cos 0° = 1,\ \tan 0° = 0$

② $90°$의 삼각비의 값

$\sin 90° = 1,\ \cos 90° = 0,\ \tan 90°$의 값은 정할 수 없다.

● **$0° \le x \le 90°$인 범위에서 삼각비의 값의 증가, 감소**

① $\sin x$의 값은 0에서 1까지 증가

② $\cos x$의 값은 1에서 0까지 감소

③ $\tan x$의 값은 0에서 무한히 증가

● **삼각비의 표를 이용한 삼각비의 값**

① 삼각비의 표

0°에서 90°까지 1°단위로 삼각비의 값을 반올림하여 소수점 아래 넷째 자리까지 나타낸 표

② 삼각비의 표 보는 방법

삼각비의 표에서 가로줄과 세로줄이 만나는 곳의 수가 삼각비의 값이다.

$\sin 21° = 0.3584$

$\cos 22° = 0.9272$

각도	사인 (sin)	코사인 (cos)	탄젠트 (tan)
⋮	⋮	⋮	⋮
21°	0.3584	0.9336	0.3839
22°	0.3746	0.9272	0.4040
⋮	⋮	⋮	⋮

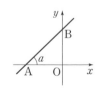

Sin 20°의 값은 어떻게 알 수 있지?

삼각비의 표를 보면 0°부터 90°까지 삼각비의 값을 모두 알 수 있어! 140쪽을 펴 봐!

앗! 실수

오른쪽 그림에서 (직선의 기울기) $= \dfrac{(y의\ 값의\ 증가량)}{(x의\ 값의\ 증가량)} = \dfrac{\overline{\text{BO}}}{\overline{\text{AO}}} = \tan a$임을 알 수 있어. 직선의 기울기가 $\tan a$가 되는 것은 고등학교 수학에서도 많이 나오니 절대 잊어버리면 안 돼.

(기울기) $= \tan a$!

A 직선의 기울기와 tan값

$$(\text{직선의 기울기})=m=\frac{(y\text{의 값의 증가량})}{(x\text{의 값의 증가량})}$$

$$=\frac{\overline{BO}}{\overline{AO}}=\tan a$$

■ 다음 그림과 같이 일차함수의 그래프가 주어질 때, $\tan a$의 값을 구하여라.

1. $y=\dfrac{1}{2}x+2$

   Help $\tan a$의 값은 직선의 기울기와 같다.

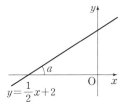

2. $y=3x+6$

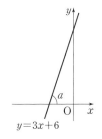

■ 다음 그림과 같이 일차방정식의 그래프가 주어질 때, $\tan a$의 값을 구하여라.

3. $x-y+3=0$

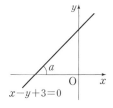

4. $3x-2y+6=0$

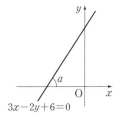

■ 다음 그림과 같이 일차함수의 그래프가 주어질 때, a의 크기를 구하여라.

5. $y=x+4$

   Help 직선의 기울기가 1이므로
   $\tan a=1$

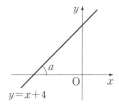

6. $y=\sqrt{3}x+2$

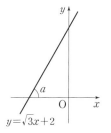

■ 다음 그림과 같이 일차함수의 그래프가 주어질 때, 직선의 방정식을 구하여라.

7. y절편이 5, x축과 이루는 예각의 크기가 $45°$

   Help 직선의 기울기는 $\tan 45°$이다.

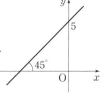

8. y절편이 2, x축과 이루는 예각의 크기가 $30°$

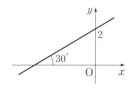

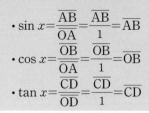

B 사분원에서 예각에 대한 삼각비의 값

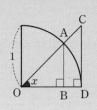

- $\sin x = \dfrac{\overline{AB}}{\overline{OA}} = \dfrac{\overline{AB}}{1} = \overline{AB}$
- $\cos x = \dfrac{\overline{OB}}{\overline{OA}} = \dfrac{\overline{OB}}{1} = \overline{OB}$
- $\tan x = \dfrac{\overline{CD}}{\overline{OD}} = \dfrac{\overline{CD}}{1} = \overline{CD}$

■ 오른쪽 그림에서 삼각비의 값과 같은 길이를 갖는 선분을 □ 안에 써넣어라.

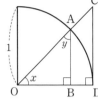

1. $\sin x = $ ⬚

   Help $\sin x = \dfrac{\overline{AB}}{\overline{OA}}$

2. $\cos x = $ ⬚

3. $\tan x = $ ⬚

4. $\cos y = $ ⬚

5. $\sin y = $ ⬚

■ 오른쪽 그림에서 삼각비의 값을 □ 안에 써넣어라.

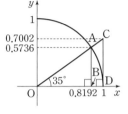

6. $\sin 35° = $ ⬚

7. $\tan 35° = $ ⬚

8. $\cos 35° = $ ⬚

■ 오른쪽 그림에서 삼각비의 값을 □ 안에 써넣어라.

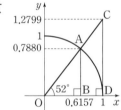

9. $\tan 52° = $ ⬚

10. $\sin 38° = $ ⬚

11. $\cos 38° = $ ⬚

C 0°, 90°의 삼각비의 값

A \ 삼각비	$\sin A$	$\cos A$	$\tan A$
0°	0	1	0
90°	1	0	정할 수 없다.

■ 다음을 구하여라.

1. $\sin 0°$

2. $\tan 0°$

3. $\cos 90°$

4. $\tan 90°$

5. $\sin 90°$

6. $\cos 0°$

7. $\sin 90° \times \tan 30° + \cos 0° \times \sin 60°$

8. $2\cos 0° \times \sin 60° + \sqrt{2}\sin 90° \times \cos 45°$

9. $\sin 0° \times \tan 0° + \cos 0° \times \sin 90°$

10. $\cos 0° - \dfrac{\tan 45° + \sin 0°}{\cos 90° + \sin 90°}$

11. $\dfrac{\sin 0° + \tan 60°}{\cos 0° + \tan 0°} - 2\sin 60°$

D 삼각비의 값의 대소 관계

$0°≤x≤90°$인 범위에서 x의 크기가 커지면
· $\sin x$의 값은 0에서 1까지 증가 ⇨ $0≤\sin x≤1$
· $\cos x$의 값은 1에서 0까지 감소 ⇨ $0≤\cos x≤1$
· $\tan x$의 값은 0에서 무한히 증가 ⇨ $\tan x≥0$

잊지 말자. 꼬~옥! ☀

■ 다음 □ 안에 $>$, $=$, $<$ 중 알맞은 것을 써넣어라.

1. $\sin 25°$ □ $\cos 25°$
   Help $0°≤x<45°$일 때, $\sin x<\cos x$

2. $\tan 50°$ □ $\sin 50°$
   Help $45°<x≤90°$일 때, $\cos x<\sin x<\tan x$

3. $\cos 48°$ □ $\sin 75°$
   (앗실수)

4. $\sin 65°$ □ $\tan 50°$

5. $\cos 10°$ □ $\sin 45°$
   Help $0°≤x<45°$일 때, $\cos x>\sin x$

■ 다음을 보고 옳은 것은 ○를, 옳지 않은 것은 ×를 하여라.

6. $0°≤A≤90°$일 때, A의 크기가 커지면 $\sin A$의 값은 커진다.

   _____

7. $0°≤A≤45°$일 때, $\cos A≤\sin A$
   (앗실수)

   _____

8. $0°≤A≤90°$일 때, $\cos A$의 최솟값은 0이고 최댓값은 1이다.

   _____

9. $0°≤A<90°$일 때, $\tan A$의 최솟값은 0이고 최댓값은 1이다.

   _____

10. $45°<A<90°$일 때, $\cos A<\sin A<\tan A$

   _____

   Help $\tan 45°=1$, $45°<A<90°$에서 $\tan A>1$

E 삼각비의 표를 이용하여 삼각비의 값 구하기

$\sin 46° = 0.7193$
$\cos 47° = 0.6820$

각도	사인(sin)	코사인(cos)	탄젠트(tan)
⋮	⋮	⋮	⋮
46°	0.7193	0.6947	1.0355
47°	0.7314	0.6820	1.0724

■ 아래 삼각비의 표를 보고, 다음을 구하여라.

각도	사인(sin)	코사인(cos)	탄젠트(tan)
36°	0.5878	0.8090	0.7265
37°	0.6018	0.7986	0.7536
38°	0.6157	0.7880	0.7813
39°	0.6293	0.7771	0.8098

1. $\sin 38°$

2. $\cos 39°$

3. $\tan 36°$

4. $\cos 37°$

5. $\sin 39°$

■ 아래 삼각비의 표를 보고, 다음 식을 만족시키는 x의 크기를 구하여라.

각도	사인(sin)	코사인(cos)	탄젠트(tan)
72°	0.9511	0.3090	3.0777
73°	0.9563	0.2924	3.2709
74°	0.9613	0.2756	3.4874
75°	0.9659	0.2588	3.7321

6. $\tan x = 3.4874$

7. $\sin x = 0.9511$

8. $\cos x = 0.2924$

9. $\tan x = 3.0777$

10. $\cos x = 0.2588$

F 삼각비의 표를 이용하여 각의 크기와 변의 길이 구하기

직각삼각형에서 한 예각의 크기와 한 변의 길이가 주어지면 삼각비의 표를 이용하여 나머지 두 변의 길이를 구할 수 있어.

아하 그렇구나!

■ 아래 삼각비의 표를 보고, x의 길이를 구하여라.

각도	사인(sin)	코사인(cos)	탄젠트(tan)
41°	0.6561	0.7547	0.8693
42°	0.6691	0.7431	0.9004
43°	0.6820	0.7314	0.9325
44°	0.6947	0.6193	0.9657

■ 아래 삼각비의 표를 보고, x의 크기를 구하여라.

각도	사인(sin)	코사인(cos)	탄젠트(tan)
64°	0.8988	0.4384	2.0503
65°	0.9063	0.4226	2.1445
66°	0.9135	0.4067	2.2460
67°	0.9205	0.3907	2.3559

1.

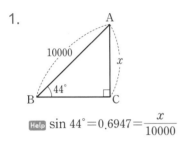

Help $\sin 44° = 0.6947 = \dfrac{x}{10000}$

2.

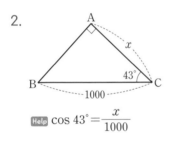

Help $\cos 43° = \dfrac{x}{1000}$

3.

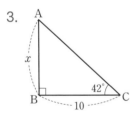

4.

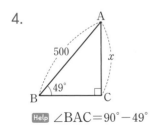

Help $\angle BAC = 90° - 49°$

5.

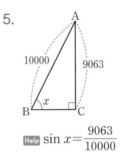

Help $\sin x = \dfrac{9063}{10000}$

6.

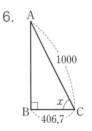

7.

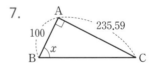

8.

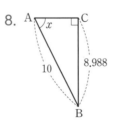

[1~2] 삼각비의 값의 활용

1. 오른쪽 그림과 같이 직선 $6x-3y+12=0$이 x축의 양의 방향과 이루는 각을 a라 할 때, $\dfrac{1}{\tan a}$의 값은?

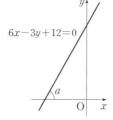

① $\dfrac{1}{2}$
② $\dfrac{2}{3}$
③ 1
④ $\dfrac{3}{2}$
⑤ 2

적중률 100%

2. 오른쪽 그림과 같이 반지름의 길이가 1인 사분원에서 다음 중 옳지 <u>않은</u> 것은?

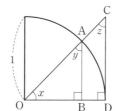

① $\sin x = \overline{AB}$
② $\cos x = \overline{OB}$
③ $\tan x = \overline{CD}$
④ $\sin z = \overline{OC}$
⑤ $\cos y = \overline{AB}$

[3] $0°$, $90°$의 삼각비의 값

적중률 90%

3. 다음을 계산하여라.

$$\sqrt{3}\cos 0° \times \tan 30° + \sin 90° \times \cos 90°$$

[4~5] 삼각비의 값의 대소 관계

적중률 80% 앗! 실수

4. 다음 중 대소 관계가 옳은 것을 모두 고르면?

(정답 2개)

① $\sin 60° > \tan 60°$
② $\sin 28° < \cos 40°$
③ $\cos 52° < \sin 65°$
④ $\cos 10° > \tan 45°$
⑤ $\tan 10° > \sin 90°$

앗! 실수

5. 다음 보기의 삼각비의 값을 작은 것부터 순서대로 나열한 것은?

┌ 보 기 ┐
ㄱ. $\sin 40°$ ㄴ. $\tan 50°$
ㄷ. $\cos 0°$ ㄹ. $\sin 75°$

① ㄱ－ㄷ－ㄹ－ㄴ
② ㄱ－ㄹ－ㄷ－ㄴ
③ ㄴ－ㄷ－ㄹ－ㄱ
④ ㄷ－ㄱ－ㄹ－ㄴ
⑤ ㄷ－ㄴ－ㄱ－ㄹ

[6] 삼각비의 표에서의 삼각비의 값

6. 아래 삼각비의 표를 보고 직각삼각형 ABC에서 $\angle B = 32°$, $\overline{AB} = 10$일 때, $\overline{AC}$의 길이를 구하여라.

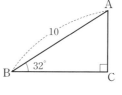

각도	사인(sin)	코사인(cos)	탄젠트(tan)
31°	0.5150	0.8572	0.6009
32°	0.5299	0.8480	0.6249
33°	0.5446	0.8387	0.6494

06 삼각비를 이용한 변의 길이 구하기

개념 강의 보기

● **직각삼각형의 변의 길이**

$\angle B = 90°$인 직각삼각형 ABC에서

① $\angle A$의 크기와 빗변의 길이 b를 알 때

$\sin A = \dfrac{a}{b}$에서 $a = b \sin A$, $\cos A = \dfrac{c}{b}$에서 $c = b \cos A$

② $\angle A$의 크기와 밑변의 길이 c를 알 때

$\tan A = \dfrac{a}{c}$에서 $a = c \tan A$, $\cos A = \dfrac{c}{b}$에서 $b = \dfrac{c}{\cos A}$

③ $\angle A$의 크기와 높이 a를 알 때

$\sin A = \dfrac{a}{b}$에서 $b = \dfrac{a}{\sin A}$, $\tan A = \dfrac{a}{c}$에서 $c = \dfrac{a}{\tan A}$

> **바빠 꿀팁!**
> • 직각삼각형에서 한 예각의 크기와 한 변의 길이를 알면 삼각비를 이용하여 나머지 두 변의 길이를 구할 수 있어.
> • 한 변의 길이와 그 양 끝각의 크기를 알 때 나머지 변의 길이를 구할 수 있어. 다음 그림과 같이 수선을 내려 구하는 변을 빗변으로 하고 특수각(30°, 45°, 60°)의 삼각비를 이용하면 돼.
>
>
>

● **일반 삼각형의 변의 길이**

① 삼각형의 두 변의 길이와 그 끼인 각의 크기를 알 때

삼각형 ABH에서

$\overline{AH} = c \sin B$, $\overline{BH} = c \cos B$

이므로 $\overline{CH} = a - c \cos B$

$\therefore \overline{AC} = \sqrt{\overline{AH}^2 + \overline{CH}^2}$

$\qquad = \sqrt{(c \sin B)^2 + (a - c \cos B)^2}$

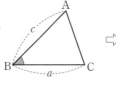 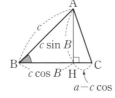

② 삼각형의 한 변의 길이와 그 양 끝각의 크기를 알 때

$\overline{CH'} = a \sin B = \overline{AC} \sin A$

$\therefore \overline{AC} = \dfrac{a \sin B}{\sin A}$

$\overline{BH} = a \sin C = \overline{AB} \sin A$

$\therefore \overline{AB} = \dfrac{a \sin C}{\sin A}$

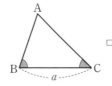 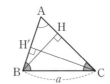

> 높이를 구할 때는 역시 탄탄한 기둥 탄젠트!
> 나도 올라갈래!

● **예각·둔각삼각형의 높이 구하기**

삼각형 ABC에서 한 변의 길이 a와 그 양 끝각 $\angle B$, $\angle C$의 크기를 알 때

①

$a = h \tan x + h \tan y$

$\Rightarrow h = \dfrac{a}{\tan x + \tan y}$

②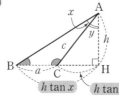

$a = h \tan x - h \tan y$

$\Rightarrow h = \dfrac{a}{\tan x - \tan y}$

A 직각삼각형의 변의 길이 구하기

오른쪽 그림의 직각삼각형 ABC에서
$\overline{AC} = 9 \sin 38°$
$\overline{BC} = 9 \cos 38°$

잊지 말자. 꼬~옥!

■ 오른쪽 직각삼각형 ABC에서 다음을 구하여라.
(단, $\sin 35° = 0.57$,
$\cos 35° = 0.82$로 계산한다.)

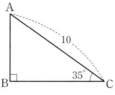

1. $\overline{AB}$의 길이

Help $\overline{AB} = 10 \sin 35°$

2. $\overline{BC}$의 길이

Help $\overline{BC} = 10 \cos 35°$

■ 오른쪽 직각삼각형 ABC에서 다음을 구하여라.
(단, $\cos 41° = 0.75$,
$\tan 41° = 0.87$로 계산한다.)

3. $\overline{AC}$의 길이

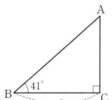

4. $\overline{AB}$의 길이

■ 아래 그림의 직육면체에서 다음을 구하여라.

5. $\overline{CG}$의 길이

Help $\overline{CG} = \overline{EG} \tan 60°$

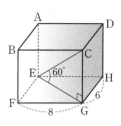

6. $\overline{FH}$의 길이

Help $\angle DHF = 90°$이므로
$\overline{FG} = \overline{FC} \cos 30°$

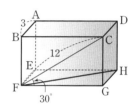

■ 아래 그림의 입체도형에서 다음을 구하여라.

7. 삼각기둥의 부피

Help (삼각기둥의 부피)
$= (밑넓이) \times (높이)$

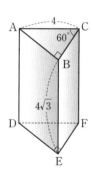

8. 원뿔의 부피

Help (원뿔의 부피)
$= \dfrac{1}{3} \times (밑넓이) \times (높이)$

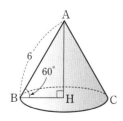

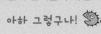
■ 아래 그림에서 다음을 구하여라.

1. 나무의 높이 $\overline{AC}$

   ($\tan 48° = 1.11$,
   $\tan 42° = 0.900$)

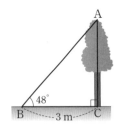

2. 비탈길의 가장 높은 곳에서 가장 낮은 곳까지의 거리 $\overline{CB}$

   ($\sin 32° = 0.53$, $\cos 32° = 0.85$)

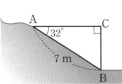

3. 등대의 높이 $\overline{CB}$

   ($\tan 15° = 0.27$,
   $\tan 75° = 3.73$)

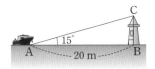

4. 열기구의 높이 $\overline{CA}$

   ($\cos 24° = 0.91$,
   $\tan 24° = 0.45$)

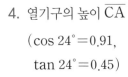

앗! 실수

5. 두 빌딩 중 높은 빌딩의 높이 $\overline{CD}$

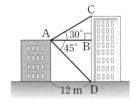

6. 지면에서 사람이 있는 곳까지의 높이 $\overline{AC}$

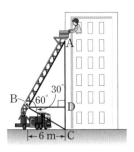

7. 탑의 높이 $\overline{PQ}$

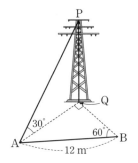

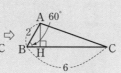

C 일반 삼각형의 변의 길이 구하기 1

오른쪽 그림에서 $\overline{AC}$의 길이는 $\overline{AB}=2$, $\angle B=60°$이므로
$\overline{BH}=1$, $\overline{AH}=\sqrt{3}$
$\overline{HC}=5$
$\overline{AC}=\sqrt{(\sqrt{3})^2+5^2}$
$\qquad=2\sqrt{7}$

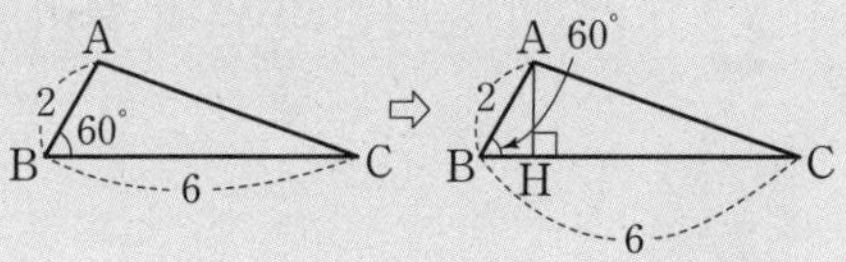

■ 아래 그림과 같이 꼭짓점 A에서 $\overline{BC}$에 내린 수선의 발을 H라 할 때, 다음을 구하여라.

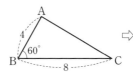 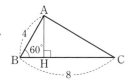

1. $\overline{AH}$, $\overline{BH}$의 길이

   Help $\overline{AH}=4\sin 60°$, $\overline{BH}=4\cos 60°$

2. $\overline{AC}$의 길이

■ 아래 그림에서 다음을 구하여라.

앗실수

3. $\overline{AC}$의 길이

   Help 점 A에서 $\overline{BC}$에 수선을 내린다.

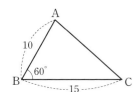

4. $\overline{AC}$의 길이

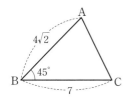

■ 다음 그림에서 호수의 두 지점 A, B 사이의 거리를 구하여라.

5.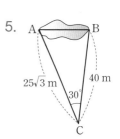

   Help 점 B에서 $\overline{AC}$에 수선을 내린다.

6.

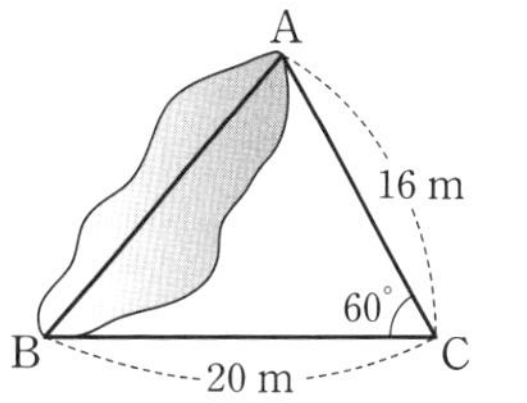

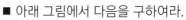

■ 아래 그림에서 다음을 구하여라.

7. $\overline{AC}$의 길이

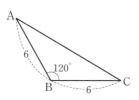

   Help 점 A에서 $\overline{BC}$의 연장선에 수선을 내린다.

8. $\overline{AB}$의 길이

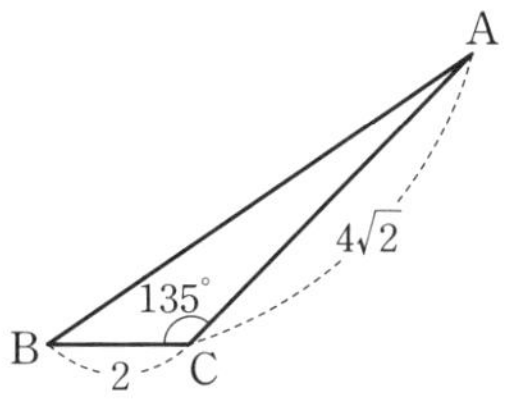

D 일반 삼각형의 변의 길이 구하기 2

$\overline{AC}$의 길이를 구할 때는 오른쪽과 같이 75°의 각을 보조선을 그어 30°와 45°로 나누어야 해.

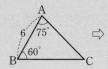

■ 아래 그림에서 다음을 구하여라.

앗실수

1. $\overline{AC}$의 길이

Help 점 C에서 $\overline{AB}$에 수선을 내려 ∠C를 30°와 45°로 나눈다.

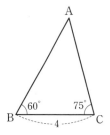

2. $\overline{AC}$의 길이

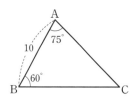

3. $\overline{AB}$의 길이

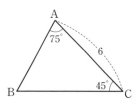

4. $\overline{AC}$의 길이

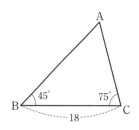

앗실수

5. $\overline{AC}$의 길이

Help 점 C에서 $\overline{AB}$에 수선을 내려 ∠C를 60°와 45°로 나눈다.

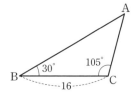

6. $\overline{AC}$의 길이

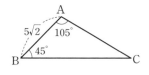

7. $\overline{BC}$의 길이

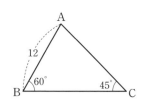

8. $\overline{BC}$의 길이

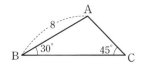

E 예각·둔각삼각형의 높이 구하기

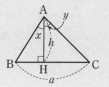

△ABC에서 높이 h를 구할 때,
$\overline{BH}+\overline{CH}=a$이므로
$h\tan x+h\tan y=a$

∴ $h=\dfrac{a}{\tan x+\tan y}$

■ 다음 그림에서 h의 값을 구하여라.

1.

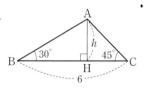

> **Help** 공식을 이용하여 h를 구할 때, ∠BAH=60°와
> ∠CAH=45°를 이용하여 구한다.
>
> $h=\dfrac{6}{\tan 60°+\tan 45°}$

2.

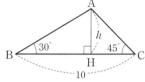

3.

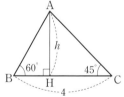

4.

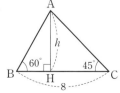

5. 앗!실수

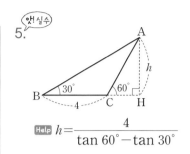

> **Help** $h=\dfrac{4}{\tan 60°-\tan 30°}$

6.

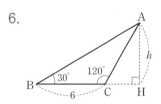

7.

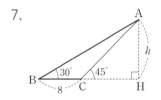

8.

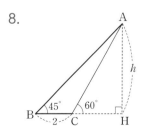

[1~2] 직각삼각형의 변의 길이

1. 오른쪽 그림의 직각삼각형 ABC에서 $\overline{AC}$의 길이는?
   (단, sin 38°=0.62,
   cos 38°=0.79)

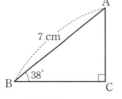

   ① 3.52 cm   ② 3.92 cm   ③ 4.34 cm
   ④ 4.89 cm   ⑤ 5.53 cm

앗 실수

2. 오른쪽 그림과 같이 길이가 20 cm인 실에 매달려 있는 추가 $\overline{OA}$와 45°의 각을 이루며 B지점에 위치할 때, 추는 A지점을 기준으로 몇 cm의 높이에 있는가? (단, 추의 크기는 무시한다.)

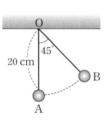

   ① $(15-5\sqrt{2})$ cm   ② 4 cm
   ③ $(20-10\sqrt{3})$ cm   ④ 5 cm
   ⑤ $(20-10\sqrt{2})$ cm

[3~4] 일반삼각형의 변의 길이

적중률 90%

3. 오른쪽 그림의 삼각형 ABC에서 $\overline{AB}=6\sqrt{3}$ cm, $\overline{BC}=12$ cm, ∠B=30°일 때, $\overline{AC}$의 길이를 구하여라.

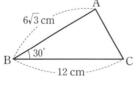

적중률 80%

4. 오른쪽 그림의 삼각형 ABC에서 $\overline{BC}=10$ cm, ∠C=30°일 때, $\overline{AB}$의 길이를 구하여라.

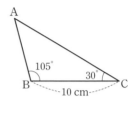

[5~6] 예각·둔각삼각형의 높이

적중률 80%

5. 오른쪽 그림과 같이 지면 위의 두 지점 B, C에서 나무의 꼭대기 A지점을 올려다 본 각의 크기가 각각 30°, 45°이다. 두 지점 B, C 사이의 거리가 12 m일 때, 나무의 높이를 구하여라.

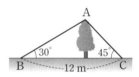

6. 오른쪽 그림과 같이 천장에 설치된 카메라는 지면 위의 A지점에서 B지점까지를 찍는다고 한다. 두 지점 A, B 사이의 거리가 4 m일 때, 지면에서 카메라까지의 높이를 구하여라.

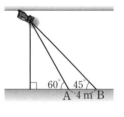

삼각비를 이용한 도형의 넓이 구하기

개념 강의 보기

● **삼각형의 넓이**

삼각형의 두 변의 길이와 그 끼인 각의 크기를 알 때

① ∠B가 예각인 경우

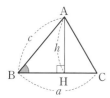

$$\Rightarrow S=\frac{1}{2}ac \sin B$$

② ∠B가 둔각인 경우

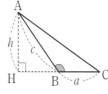

$$\Rightarrow S=\frac{1}{2}ac \sin(180°-B)$$

바빠 꿀팁!

왼쪽 그림에서
① $h=c \sin B$이므로
$$\triangle ABC=\frac{1}{2}ah=\frac{1}{2}ac \sin B$$
② $h=c \sin(180°-B)$이므로
$$\triangle ABC$$
$$=\frac{1}{2}ah$$
$$=\frac{1}{2}ac \sin(180°-B)$$

● **평행사변형의 넓이**

이웃하는 두 변의 길이와 그 끼인 각의 크기를 알 때

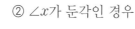

① ∠x가 예각인 경우

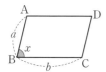

$$\Rightarrow \square ABCD=ab \sin x$$

② ∠x가 둔각인 경우

$$\Rightarrow \square ABCD=ab \sin(180°-x)$$

● **사각형의 넓이**

두 대각선의 길이와 두 대각선이 이루는 각의 크기를 알 때

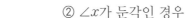

① ∠x가 예각인 경우

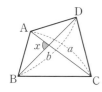

$$\Rightarrow \square ABCD=\frac{1}{2}ab \sin x$$

② ∠x가 둔각인 경우

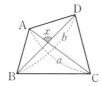

$$\Rightarrow \square ABCD=\frac{1}{2}ab \sin(180°-x)$$

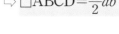

 앗! 실수

공식을 헷갈리면 안 돼. 삼각형의 넓이에는 $\frac{1}{2}$이 있고, 두 변의 길이와 그 끼인각을 이용한 평행사변형의 넓이에는 $\frac{1}{2}$이 없어. 그런데 대각선의 길이를 이용하여 사각형의 넓이를 구할 때는 $\frac{1}{2}$이 있는 거야.

삼각형 ABC에서 ∠B가 예각일 때, $\triangle ABC = \frac{1}{2}ac\sin B$

∠B가 둔각일 때, $\triangle ABC = \frac{1}{2}ac\sin(180° - B)$

이 정도는 암기해야 해~ 암암!

■ 다음 그림에서 삼각형 ABC의 넓이를 구하여라.

1.

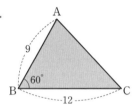

Help $\triangle ABC = \frac{1}{2} \times 5 \times 8 \times \sin 30°$

2.

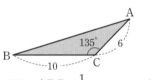

3.

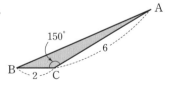

Help $\triangle ABC = \frac{1}{2} \times 10 \times 6 \times \sin(180° - 135°)$

4.

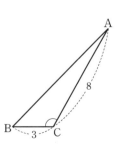

■ 아래 그림의 삼각형 ABC의 넓이가 주어질 때, 다음을 구하여라.

5. $\triangle ABC = 10\sqrt{3}$일 때,
$\overline{AC}$의 길이

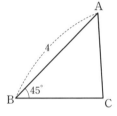

Help $\triangle ABC$
$= \frac{1}{2} \times 5 \times \overline{AC}$
$\times \sin(180° - 120°)$

6. $\triangle ABC = 3\sqrt{2}$일 때,
$\overline{BC}$의 길이

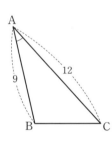

7. $\triangle ABC = 27$일 때,
∠A의 크기

8. $\triangle ABC = 6\sqrt{3}$일 때,
∠C의 크기
Help ∠C는 둔각이다.

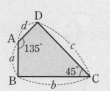

사각형 ABCD의 넓이는 점 D와 점 B를 연결하는 보조선을 그어서 구해.

$\square ABCD = \triangle ABD + \triangle DBC$
$= \dfrac{1}{2}ad \sin(180° - 135°) + \dfrac{1}{2}bc \sin 45°$

■ 다음 그림에서 사각형 ABCD의 넓이를 구하여라.

1.

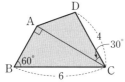

Help $\square ABCD = \triangle ABC + \triangle ACD$

2.

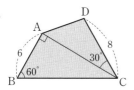

3.

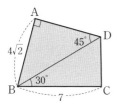

4.

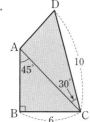

5.

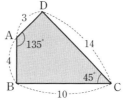

Help 두 점 B, D를 이으면
$\square ABCD = \triangle ABD + \triangle DBC$

6.

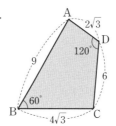

7.

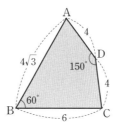

8.

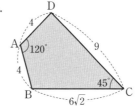

평행사변형 ABCD에서

$\Box ABCD = ab \sin x$ $\Box ABCD = ab \sin (180° - x)$

■ 다음 그림에서 평행사변형 ABCD의 넓이를 구하여라.

1.

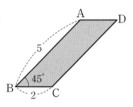

Help $\Box ABCD = 5 \times 2 \times \sin 45°$

2.

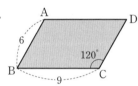

■ 다음 그림에서 마름모 ABCD의 넓이를 구하여라.

3.

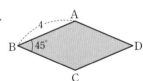

4.

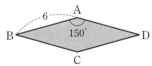

■ 아래 그림의 사각형 ABCD의 넓이가 주어질 때, 다음을 구하여라.

5. 평행사변형 ABCD의 넓이가 18일 때, $\overline{AD}$의 길이

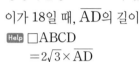

Help $\Box ABCD$
$= 2\sqrt{3} \times \overline{AD}$
$\times \sin (180° - 120°)$

6. 마름모 ABCD의 넓이가 $8\sqrt{3}$일 때, 한 변의 길이

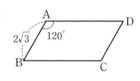

7. 평행사변형 ABCD의 넓이가 12일 때, ∠B의 크기 (∠B는 예각)

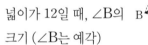

8. 마름모 ABCD의 넓이가 $18\sqrt{3}$일 때, ∠C의 크기 (∠C는 둔각)

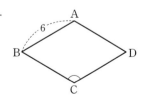

$$\square \text{ABCD} = \frac{1}{2}ab\sin x \qquad \square \text{ABCD} = \frac{1}{2}ab\sin(180° - x)$$

D 사각형의 넓이 구하기

■ 다음 그림에서 사각형 ABCD의 넓이를 구하여라.

1.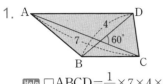

Help $\square \text{ABCD} = \frac{1}{2} \times 7 \times 4 \times \sin 60°$

2.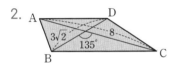

3.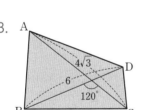

4.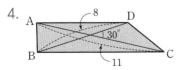

■ 아래 그림의 사각형 ABCD의 넓이가 주어질 때, 다음을 구하여라.

5. 사각형 ABCD의 넓이가 45일 때, $\overline{\text{BD}}$의 길이

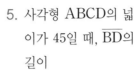

Help $\square \text{ABCD}$
$= \frac{1}{2} \times 5\sqrt{2} \times \overline{\text{BD}} \times \sin 45°$

6. 등변사다리꼴 ABCD의 넓이가 $18\sqrt{3}$일 때, $\overline{\text{BD}}$의 길이

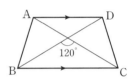

7. 사각형 ABCD의 넓이가 36일 때, $\overline{\text{AC}}$의 길이

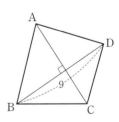

8. 사각형 ABCD의 넓이가 $21\sqrt{2}$일 때, x의 크기 $(0° < x < 90°)$

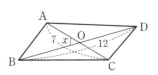

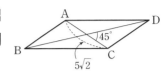

[1~2] 삼각형의 넓이 구하기

적중률 90%

1. 오른쪽 그림과 같이
   ∠A=60°, $\overline{AB}$=6 cm,
   $\overline{AC}$=$6\sqrt{3}$ cm인
   삼각형 ABC의 넓이는?

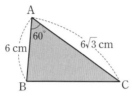

① 18 cm² ② $10\sqrt{3}$ cm² ③ 27 cm²

④ $14\sqrt{3}$ cm² ⑤ 32 cm²

앗실수

2. 오른쪽 그림과 같
   이 $\overline{AC}$=12 cm,
   $\overline{BC}$=8 cm인
   △ABC의 넓이가
   24 cm²일 때, ∠C의 크기를 구하여라.

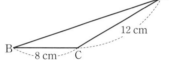

   (단, ∠C는 둔각)

[3~5] 다각형의 넓이 구하기

앗실수

3. 오른쪽 그림과 같이 반지름의 길
   이가 4 cm인 원 O에 내접하는
   정팔각형의 넓이는?

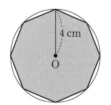

① $18\sqrt{2}$ cm² ② 24 cm²

③ $24\sqrt{2}$ cm² ④ 35 cm²

⑤ $32\sqrt{2}$ cm²

4. 오른쪽 그림과 같은 평
   행사변형 ABCD에서
   점 P는 두 대각선 AC
   와 BD의 교점이다.

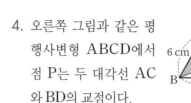

   ∠ADC=60°, $\overline{AB}$=6 cm, $\overline{BC}$=10 cm일 때,
   삼각형 ABP의 넓이를 구하여라.

적중률 80%

5. 오른쪽 그림에서 $\overline{AB}$=4,
   $\overline{BC}$=$4\sqrt{2}$, $\overline{BD}$=13,
   ∠ABC=90°, ∠BOC=120°
   일 때, 사각형 ABCD의 넓이는?

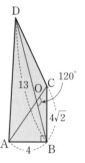

① 36 ② 39

③ 40 ④ 45

⑤ 52

[6] 사각형의 넓이를 이용한 대각선의 길이

6. 오른쪽 그림과 같은 등변사다리
   꼴 ABCD에서 두 대각선이 이루
   는 각의 크기가 135°이고 넓이가
   $36\sqrt{2}$일 때, $\overline{BD}$의 길이는?

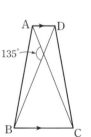

① 12 ② $10\sqrt{2}$

③ $6\sqrt{5}$ ④ 18

⑤ $20\sqrt{2}$

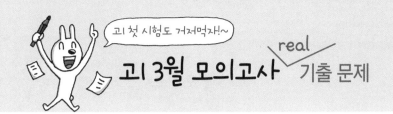
| 2019년 기출 |

1. $\angle B=90°$인 직각삼각형 ABC에서
   $\sin A=\dfrac{2\sqrt{2}}{3}$일 때, $\cos A$의 값은? [3점]

   ① $\dfrac{1}{6}$　　　② $\dfrac{1}{3}$　　　③ $\dfrac{1}{2}$

   ④ $\dfrac{2}{3}$　　　⑤ $\dfrac{5}{6}$

| 2016년 기출 |

2. 직각삼각형 ABC에서 $\angle C=90°$, $\overline{AB}=4$,
   $\overline{BC}=3$일 때, $\tan B$의 값은? [3점]

   ① $\dfrac{\sqrt{7}}{5}$　　　② $\dfrac{\sqrt{7}}{4}$　　　③ $\dfrac{\sqrt{7}}{3}$

   ④ $\dfrac{\sqrt{7}}{2}$　　　⑤ $\sqrt{7}$

| 2014년 기출 |

3. $3(\cos 60°+\sin 30°)^2+\tan 60°\times\tan 30°$의 값을
   구하시오. [3점]

| 2010년 기출 |

4. 그림과 같이 반지름의 길이가 1이고 중심각의 크기
   가 90°인 부채꼴 OAB가 있다. $\angle AOC=52°$인 호
   AB 위의 점 C에서 반지름 OA 위에 내린 수선의
   발을 D라 하고, 점 A를 지나고 선분 DC에 평행한
   직선과 선분 OC의 연장선의 교점을 E라 하자.

   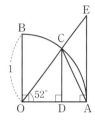

   옳은 것만을 〈보기〉에서 있는 대로 고른 것은? [3점]

   ┌─ 보 기 ┐
   ㄱ. $\overline{OD}=\cos 52°$
   ㄴ. $\overline{AE}=\tan 52°$
   ㄷ. $\overline{AC}=\sin 38°$
   └─────────┘

   ① ㄱ　　　② ㄴ　　　③ ㄱ, ㄴ

   ④ ㄴ, ㄷ　　　⑤ ㄱ, ㄴ, ㄷ

| 2009년 기출 |

5. 그림과 같이 삼각형 ABC에서 $\overline{AC}=8$, $\overline{BC}=6$이
   고 $\angle C=90°$일 때, $\sin A+\sin B$의 값은? [3점]

   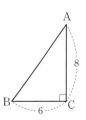

   ① 1　　　② $\dfrac{6}{5}$　　　③ $\dfrac{7}{5}$

   ④ $\dfrac{8}{5}$　　　⑤ $\dfrac{9}{5}$

| 2013년 기출 |

6. 그림과 같이 ∠A＝90°, $\overline{AB}$＝8, $\overline{AC}$＝6인 직각삼각형 ABC가 있다. 점 C가 아닌 변 AC 위의 한 점 D에서 변 BC에 내린 수선의 발을 E라 하고 ∠CDE＝$x°$라 할 때, $\sin x°$의 값은? [3점]

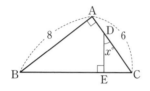

① $\dfrac{2}{5}$ ② $\dfrac{1}{2}$ ③ $\dfrac{3}{5}$

④ $\dfrac{7}{10}$ ⑤ $\dfrac{4}{5}$

| 2018년 기출 |

7. 그림과 같이 $\overline{AB}$＝$\overline{AC}$인 이등변삼각형 ABC의 꼭짓점 C에서 변 AB에 내린 수선의 발을 H라 하자. $\overline{AH}$: $\overline{HB}$＝3 : 2일 때, 삼각형 BCH에서 $\tan B$의 값은? [3점]

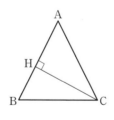

① 2   ② $\dfrac{9}{4}$ ③ $\dfrac{5}{2}$

④ $\dfrac{11}{4}$ ⑤ 3

| 2015년 기출 |

8. 그림과 같이 바위섬의 위치를 A, 해안 도로 위의 두 지점의 위치를 B, C라 하면
$$\overline{BC}＝200\,m, ∠ABC＝45°, ∠ACB＝60°$$
이다. 점 A에서 선분 BC에 내린 수선의 발을 H라 할 때, 선분 AH의 길이는? [3점]

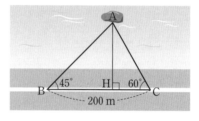

① 100 m   ② $80(3-\sqrt{3})$ m
③ $80(3-\sqrt{2})$ m   ④ $100(3-\sqrt{3})$ m
⑤ $100(3-\sqrt{2})$ m

| 2010년 기출 |

9. 그림과 같이 아파트 옥상의 A지점의 높이가 15 m이고 상가 건물 옥상의 B 지점의 높이가 6 m이다. A 지점에서 B 지점으로 내려다 본 각의 크기가 27°이고 직선거리가 x m일 때, x의 값을 구하시오.
(단, $\sin 27°＝0.45$로 계산한다.) [3점]

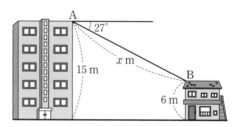

둘째 마당

원의 성질

둘째 마당에서는 원의 성질에 대해 배울거야. 중학교 1학년 때 원의 넓이와 둘레의 길이를 구하는 방법을 배웠지? 3학년에서는 원의 현과 접선에 대한 성질과 원주각과 중심각의 크기 사이의 관계 등의 원의 성질에 대해서 배우게 돼. 이는 중요한 성질이니 잘 익혀 두자. 또, 이를 활용한 원에 내접하는 사각형의 성질과 접선과 현이 이루는 각의 크기 등 여러 가지 공식들이 나오니 헷갈리지 않도록 확실하게 외워 두자.

공부할 내용!	7일 진도	14일 진도	스스로 계획을 세워 봐!
08. 원의 중심과 현		7일차	____월 ____일
09. 원의 접선의 활용	4일차		____월 ____일
10. 원주각의 크기		8일차	____월 ____일
11. 원주각의 크기와 호의 길이		9일차	____월 ____일
12. 원에 내접하는 다각형	5일차	10일차	____월 ____일
13. 접선과 현이 이루는 각	6일차	11일차	____월 ____일

08

원의 중심과 현

개념 강의 보기

● **원의 중심과 현의 수직이등분선**

① 원에서 현의 수직이등분선은 그 원의 중심을 지난다.

② 원의 중심에서 현에 내린 수선은 그 현을 이등분한다.

⇨ $\overline{AB} \perp \overline{OM}$ 이면 $\overline{AM} = \overline{BM}$

원에 내접하는 삼각형 ABC에서
$\overline{OM} = \overline{ON}$이면 $\overline{AB} = \overline{AC}$이므로
삼각형 ABC는 이등변삼각형이 돼.

● **원의 중심과 현의 길이**

한 원에서

① 원의 중심으로부터 같은 거리에 있는 두 현의 길이는 같다.

⇨ $\overline{OM} = \overline{ON}$이면 $\overline{AB} = \overline{CD}$

② 길이가 같은 두 현은 원의 중심으로부터 같은 거리에 있다.

⇨ $\overline{AB} = \overline{CD}$이면 $\overline{OM} = \overline{ON}$

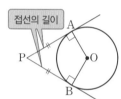

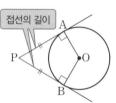

● **원의 접선의 길이**

① 원의 접선의 길이 : 원 O 밖의 한 점 P에서 이 원에 그을 수 있는 접선은 2개뿐이다. 이때 두 접점을 각각 A, B라 하면 $\overline{PA}$, $\overline{PB}$의 길이를 점 P에서 원 O에 그은 접선의 길이라고 한다.

② 원의 접선의 길이의 성질 : 원 밖의 한 점에서 그 원에 그은 두 접선의 길이는 같다.

⇨ $\overline{PA} = \overline{PB}$, $\angle PAO = \angle PBO = 90°$

접선의 길이

접시의 중심을 알아야 접시의 모양을 알 텐데…

현을 그어 현의 수직이등분선이 원의 중심을 지남을 이용하면 돼!

● **원의 접선과 각의 크기**

원 O 밖의 한 점 P에 대하여 $\overline{PA}$, $\overline{PB}$는 원 O의 접선이고 두 점 A, B는 각각 접점일 때,

① 사각형 APBO의 내각의 크기의 합은 360°이므로

$\angle APB + \angle AOB = 180°$

② 삼각형 PBA는 $\overline{PA} = \overline{PB}$인 이등변삼각형이므로

$\angle PAB = \angle PBA$

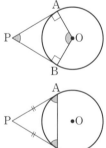

 앗! 실수

원에 그은 접선은 접점을 지나는 반지름과 수직으로 만나. 접선에 관한 문제를 풀 때, 그림에 직각 표시가 없더라도 각의 크기가 90°임을 잊지 말아야 해.

원의 중심에서 현에 내린 수선은 그 현을 이등분하므로
- $\overline{AM}=\overline{BM}$
- $\overline{AM}^2=\overline{OA}^2-\overline{OM}^2$

이 정도는 암기해야 해~ 암암!

■ 다음 그림에서 x의 값을 구하여라.

1.

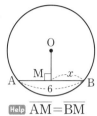

Help $\overline{AM}=\overline{BM}$

2.

3.

4.

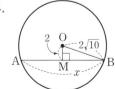

5.

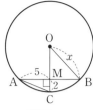

Help $\overline{OM}=x-2$

6.

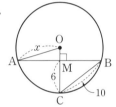

7.

8.

원의 일부분이 주어진 경우에 반지름의 길이를 구할 때는 원의 중심을 찾아 반지름의 길이를 r 로 놓고 피타고라스 정리를 이용하면 돼.
$$r^2=(r-a)^2+b^2$$

■ 다음 그림이 원의 일부분일 때, 원의 반지름의 길이를 구하여라.

1.

Help

2.

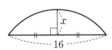

■ 다음 그림은 원의 일부분이고 반지름의 길이가 주어질 때, x의 값을 구하여라.

3. 반지름의 길이는 10

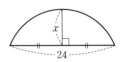

4. 반지름의 길이는 13

■ 다음 그림이 원의 일부분일 때, 원의 반지름의 길이를 구하여라.

앗실수

5.

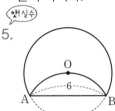

Help

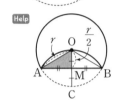

6.

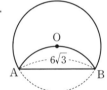

■ 다음 그림은 원의 일부분이고 반지름의 길이가 주어질 때, x의 값을 구하여라.

7. 반지름의 길이는 8

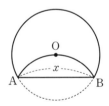

8. 반지름의 길이는 12

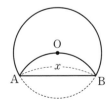

원 O에서
· $\overline{OM} = \overline{ON}$이면 $\overline{AB} = \overline{CD}$
· $\overline{AB} = \overline{CD}$이면 $\overline{OM} = \overline{ON}$

잊지 말자. 꼬~옥!

■ 다음 그림에서 x의 값을 구하여라.

1.
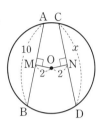

2.
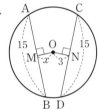

3.
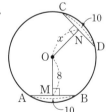

4.
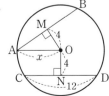

■ 다음 그림에서 ∠x의 크기를 구하여라.

5.
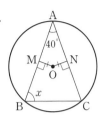

Help 삼각형 ABC는 이등변삼각형이다.

6.
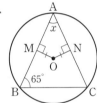

■ 다음 그림에서 x의 값을 구하여라.

7.
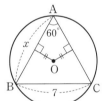

Help △ABC는 꼭지각의 크기가 60°인 이등변삼각형
이므로 정삼각형이다.

앗실수

8.
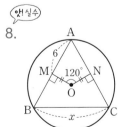

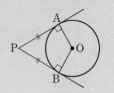

D 원의 접선의 성질 1

오른쪽 그림과 같이 원 밖의 한 점 P에서
원 O에 두 접선을 그으면
- ∠PAO=90°, ∠PBO=90°이므로
  ∠APB+∠AOB=180°
- $\overline{PA}=\overline{PB}$

■ 다음 그림에서 $\overline{PA}$, $\overline{PB}$가 원 O의 접선일 때, ∠x의 크기를 구하여라.

1.
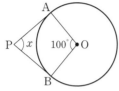

Help ∠x+100°=180°

2.
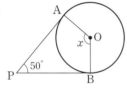

3.
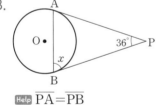

Help $\overline{PA}=\overline{PB}$

4.
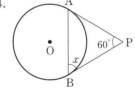

■ 다음 그림에서 $\overline{PA}$, $\overline{PB}$가 원 O의 접선일 때, 호 AB의 길이를 구하여라.

5.
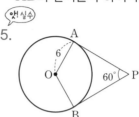

Help ($\widehat{AB}$의 길이)$=2\pi\times6\times\dfrac{∠AOB}{360°}$

6.
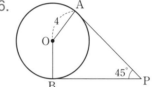

■ 다음 그림에서 $\overline{PA}$, $\overline{PB}$가 원 O의 접선일 때, 색칠한 부분의 넓이를 구하여라.

7.
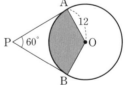

8.
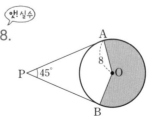

E 원의 접선의 성질 2

원 밖의 한 점 P에서 원 O에 그은 접선의 접점을
A라 할 때,
$$\overline{PA}^2+\overline{OA}^2=\overline{OP}^2$$

아하 그렇구나!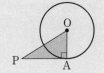

■ 다음 그림에서 $\overline{PA}$가 원 O의 접선일 때, x의 값을 구하여라.

1.
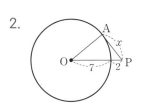

2.
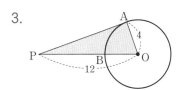

■ 다음 그림에서 $\overline{PA}$가 원 O의 접선일 때, 색칠한 부분의 넓이를 구하여라.

3.

P ---- 12 ---- B --- O, A에서 4

4.

P --- 9 --- O, 6, A

■ 다음 그림에서 $\overline{PA}$, $\overline{PB}$가 원 O의 접선일 때, x의 값을 구하여라.

5.
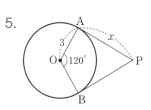

Help 점 O와 점 P를 이으면 $\angle AOP=60°$

6.
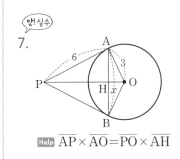

7.
앗! 실수
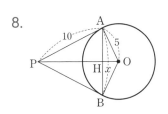

Help $\overline{AP}\times\overline{AO}=\overline{PO}\times\overline{AH}$

8.

P, 10, A, 5, O, H x, B

[1~3] 원의 중심과 현의 수직이등분선

적중률 90%

1. 오른쪽 그림의 원 O에서 $\overline{AB}$는 $\overline{OC}$의 수직이등분선이다. 원 O의 반지름의 길이가 4 cm일 때, $\overline{AB}$의 길이는?

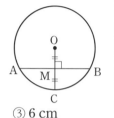

① 5 cm   ② $4\sqrt{2}$ cm   ③ 6 cm

④ 7 cm   ⑤ $4\sqrt{3}$ cm

앗! 실수

2. 오른쪽 그림의 원 O에서 $\overline{AB}\perp\overline{OD}$, $\overline{BC}\perp\overline{OE}$, $\overline{CA}\perp\overline{OF}$이고 $\overline{OD}=\overline{OE}=\overline{OF}$이다. $\overline{AB}=6$ cm일 때, 원 O의 둘레의 길이는?

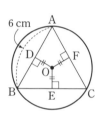

① 6π cm   ② $4\sqrt{3}\pi$ cm   ③ 7π cm

④ $3\sqrt{6}\pi$ cm   ⑤ 8π cm

적중률 80%

3. 오른쪽 그림과 같이 원 모양의 종이를 원주 위의 한 점이 원의 중심 O에 겹쳐지도록 접었을 때, 접힌 현의 길이가 $8\sqrt{3}$ cm이었다. 이때 원의 반지름의 길이를 구하여라.

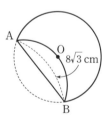

[4~6] 원의 접선의 성질

4. 오른쪽 그림에서 $\overrightarrow{PA}$, $\overrightarrow{PB}$는 원 O의 접선이고 두 점 A, B는 접점이다. $\overline{BC}$는 원 O의 지름이고 $\angle ABC=26°$일 때, $\angle x$의 크기를 구하여라.

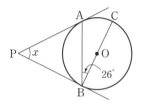

5. 오른쪽 그림에서 $\overline{PT}$는 원 O의 접선이고 점 T는 접점이다. $\overline{PA}=3$ cm, $\overline{PT}=9$ cm일 때, 원 O의 넓이는?

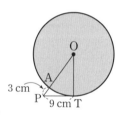

① 72π cm^2 ② 81π cm^2

③ 90π cm^2 ④ 121π cm^2 ⑤ 144π cm^2

적중률 90%

6. 오른쪽 그림에서 $\overline{PA}$, $\overline{PB}$는 원 O의 접선이고 두 점 A, B는 접점이다. $\angle APB=60°$, $\overline{AO}=5\sqrt{3}$ cm일 때, 색칠한 부분의 넓이를 구하여라.

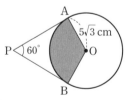

09

원의 접선의 활용

● **원의 접선의 활용**

$\overrightarrow{CB}$, $\overrightarrow{AE}$, $\overrightarrow{AF}$가 원 O의 접선이고 접점을 각각 D, E, F라 할 때,

① $\overline{AE}=\overline{AF}$, $\overline{BD}=\overline{BF}$, $\overline{CE}=\overline{CD}$

② (△ABC의 둘레의 길이)

$=\overline{AB}+\overline{BC}+\overline{CA}=\overline{AB}+(\overline{BD}+\overline{CD})+\overline{CA}$

$=(\overline{AB}+\overline{BF})+(\overline{CE}+\overline{CA})=\overline{AF}+\overline{AE}=2\overline{AE}$

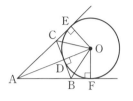

● **반원에서의 접선의 길이**

$\overline{AD}$, $\overline{BC}$, $\overline{CD}$가 반원 O의 접선일 때,

  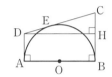

$\overline{DA}=\overline{DE}$, $\overline{CB}=\overline{CE}$

∴ $\overline{CD}=\overline{AD}+\overline{BC}$

직각삼각형 DHC에서

$\overline{DH}^2+\overline{CH}^2=\overline{CD}^2$

● **삼각형의 내접원**

삼각형 ABC의 내접원 O가 세 변 AB, BC, CA와 접하는 점을 각각 D, E, F라 하고 원 O의 반지름의 길이를 r라 하면

① $\overline{AD}=\overline{AF}$, $\overline{BD}=\overline{BE}$, $\overline{CE}=\overline{CF}$

② (△ABC의 둘레의 길이)$=a+b+c$

$\qquad\qquad\qquad\qquad =2(x+y+z)$

③ $\triangle ABC=\dfrac{1}{2}r(a+b+c)=r(x+y+z)$

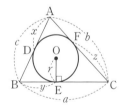

바빠 꿀팁!

• 다음 그림과 같이 두 접선 $\overline{AD}$, $\overline{AE}$에서 $\overline{BC}$를 원 O에 접하면서 움직이게 하면 삼각형의 모양이 달라져. 하지만 삼각형 ABC의 둘레의 길이는 $2\overline{AD}$로 일정해.

• 원에 외접하는 사각형에서

$\overline{AB}+\overline{CD}=\overline{AD}+\overline{BC}$

는 '원 밖의 한 점에서 그 원에 그은 두 접선의 길이는 같다.'는 성질을 이용하는 거야.

● **원에 외접하는 사각형의 성질**

① 원에 외접하는 사각형에서 두 쌍의 대변의 길이의 합은 같다.

$\overline{AB}+\overline{CD}=\overline{AD}+\overline{BC}$

② 두 쌍의 대변의 길이의 합이 같은 사각형은 원에 외접한다.

앗! 실수

원에 외접하는 사각형의 성질에서 '대변의 길이의 합'을 '이웃하는 두 변의 길이의 합'으로 혼동하면 안 돼.

A 원의 접선의 활용

오른쪽 그림에서 $\overline{AE}$의 길이를 구해 보자.

$\overline{AE}=\overline{AF}$, $\overline{CE}=\overline{CD}$, $\overline{BD}=\overline{BF}$

(△ABC의 둘레의 길이)$=2\overline{AE}$

∴ $\overline{AE}=9$

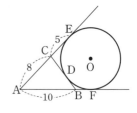

■ 아래 그림에서 $\overrightarrow{CB}$, $\overrightarrow{AE}$, $\overrightarrow{AF}$가 원 O의 접선일 때, 다음을 구하여라.

1. $\overline{AE}$의 길이

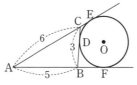

Help $\overline{AE}=\dfrac{1}{2}\times(\triangle ABC$의 둘레의 길이$)$

2. $\overline{AF}$의 길이

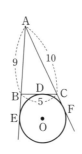

3. $\overline{CE}$의 길이

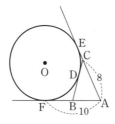

4. $\overline{CE}$의 길이

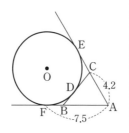

5. $\overline{BC}$의 길이

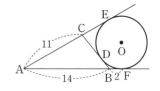

6. $\overline{BC}$의 길이

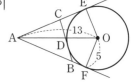

7. 삼각형 ABC의 둘레의 길이

Help $\angle AFO=90°$

8. 삼각형 ABC의 둘레의 길이

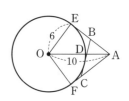

B 반원에서의 접선의 길이

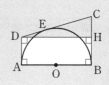

오른쪽 그림에서
$\overline{DA}=\overline{DE}$, $\overline{CB}=\overline{CE}$이므로
$\overline{CD}=\overline{AD}+\overline{BC}$
$\therefore \overline{AB}=\overline{DH}=\sqrt{\overline{CD}^2-\overline{CH}^2}$

잊지 말자. 꼬~옥! ⚙

■ 아래 그림에서 $\overline{AD}$, $\overline{BC}$, $\overline{CD}$가 원 O의 접선일 때, 다음을 구하여라.

1. $\overline{AB}$의 길이

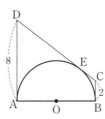

Help 점 C에서 $\overline{AD}$에 수선을 내린다.
$\overline{DC}=\overline{DE}+\overline{EC}=\overline{DA}+\overline{BC}$

2. $\overline{AB}$의 길이

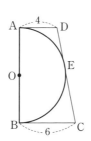

3. 사각형 ABCD의 둘레의 길이

Help $\overline{BC}+\overline{AD}=\overline{DC}$

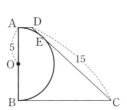

4. 사각형 ABCD의 둘레의 길이

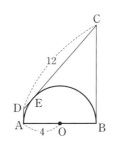

5. 사각형 ABCD의 넓이

Help □ABCD
$=\dfrac{1}{2}\times\overline{AB}\times(3+12)$

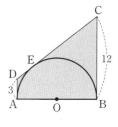

6. 사각형 ABCD의 넓이

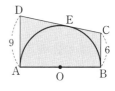

7. 삼각형 DOC의 넓이

Help 점 O와 점 E를 이으면
△AOD=△EOD,
△BOC=△EOC
$\therefore \triangle DOC=\dfrac{1}{2}$□ABCD

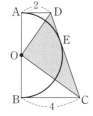

8. 삼각형 DOC의 넓이

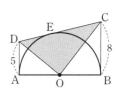

C 중심이 같은 원에서의 접선의 활용

중심이 O로 일치하고 반지름의 길이가 다른 두 원에서 큰 원의 현 AB가 작은 원의 접선일 때,
- $\overline{OH} \perp \overline{AB}$, $\overline{AH} = \overline{BH}$
- $\overline{OA}^2 = \overline{OH}^2 + \overline{AH}^2$

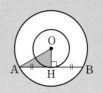

■ 다음 그림에서 $\overline{AB}$가 작은 원의 접선일 때, $\overline{AB}$의 길이를 구하여라.

1. 두 원의 반지름의 길이가 각각 4, 6

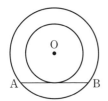

Help 점 O에서 $\overline{AB}$에 수선을 내리고 점 O와 점 A를 잇는다.

2. 두 원의 반지름의 길이가 각각 5, 10

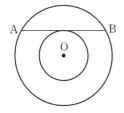

3.

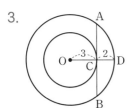

4.

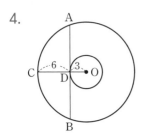

■ 다음 그림에서 $\overline{AB}$가 작은 원의 접선일 때, 색칠한 부분의 넓이를 구하여라.

5.

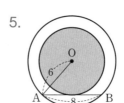

6.

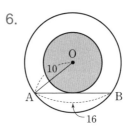

7.

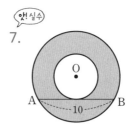

Help 큰 원의 반지름의 길이를 R, 작은 원의 반지름의 길이를 r라 하면 $R^2 - r^2 = 5^2$

8.

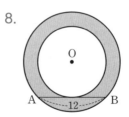

D 삼각형의 내접원

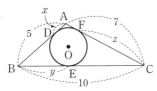

오른쪽 그림에서 x의 값을 구해 보자.
$\overline{BD}=\overline{BE}=11-x$
$\overline{AD}=\overline{AF}=7-x$
$\overline{AB}=\overline{BD}+\overline{AD}$이므로
$8=11-x+7-x$ $\therefore x=5$

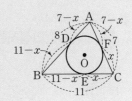

■ 다음 그림에서 원 O가 삼각형 ABC에 접할 때, $x+y+z$의 값을 구하여라.

1.

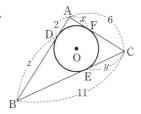

2.

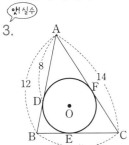

■ 다음 그림에서 원 O가 삼각형 ABC에 접할 때, x의 값을 구하여라.

3.

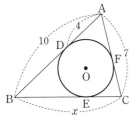

4.

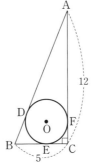

5.

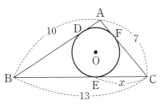

Help $\overline{BD}=\overline{BE}=13-x$, $\overline{AD}=\overline{AF}=7-x$

6.

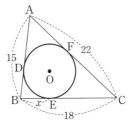

■ 다음 그림에서 원 O가 삼각형 ABC에 접할 때, 원 O의 반지름의 길이를 구하여라.

7.

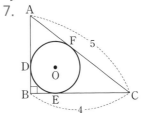

Help 원 O의 반지름의 길이를 r라 하면
$\overline{BE}=\overline{BD}=r$, $\overline{FC}=\overline{EC}=4-r$,
$\overline{AF}=\overline{AD}=\overline{AB}-r$

8.

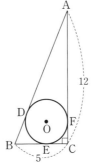

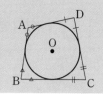

E 원에 외접하는 사각형의 성질

원 O에 외접하는 사각형 ABCD에서
$$\overline{AB}+\overline{CD}=\overline{AD}+\overline{BC}$$

아하 그렇구나! 🐟✏️

■ 다음 그림에서 사각형 ABCD가 원 O에 외접할 때, x의 값을 구하여라.

1.

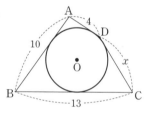

2.

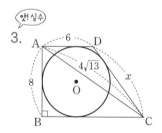

3. 앗실수

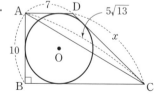

4.

■ 다음 직사각형 ABCD에서 사다리꼴이 원 O에 외접할 때, x의 값을 구하여라.

5. 앗실수

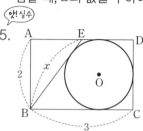

Help $x+2=\overline{ED}+3,\ \overline{ED}=x-1$

6.

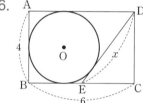

7.

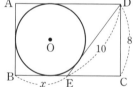

8.

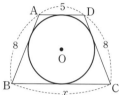

[1~3] 원의 접선의 응용

적중률 90%

1. 오른쪽 그림에서 $\overrightarrow{BC}$, $\overrightarrow{AE}$, $\overrightarrow{AF}$는 원 O의 접선이고 세 점 D, E, F는 각각 그 접점 일 때, 다음 중 옳지 않은 것을 모두 고르면? (정답 2개)

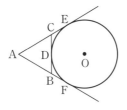

① $\overline{AE}=\overline{AF}$ ② $\overline{AB}=\overline{AC}$

③ $\overline{CD}=\overline{CE}$ ④ $\overline{CD}=\overline{BD}$

⑤ $\overline{BD}=\overline{BF}$

앗! 실수

2. 오른쪽 그림과 같이 원 O의 지름의 양 끝점 A, B에서 각각 그은 두 접선이 점 E에서의 접선과 만나는 점을 각각 C, D라 할 때, ∠COD의 크기를 구하여라.

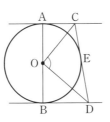

3. 오른쪽 그림과 같이 반원 O의 지름의 양 끝점 A, B에서 각각 그은 두 접선이 점 E에서 그은 접선과 만나는 점을 각각 C, D라 할 때, 반원 O의 넓이를 구하여라.

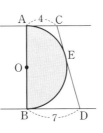

[4~5] 삼각형의 내접원

적중률 90%

4. 오른쪽 그림에서 원 O는 삼각형 ABC의 내접원 이고 D, E, F는 접점이 다. 삼각형 ABC의 둘레 의 길이가 30 cm일 때, $\overline{AD}$의 길이는?

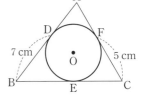

① 2 cm ② 2.5 cm ③ 3 cm

④ 3.5 cm ⑤ 4 cm

적중률 80%

5. 오른쪽 그림에서 원 O는 ∠C=90°인 직각삼각형 ABC의 내접원이고 세 점 D, E, F는 접점이다. $\overline{AD}=6$ cm, $\overline{BD}=9$ cm 일 때, 원 O의 둘레의 길이를 구하여라.

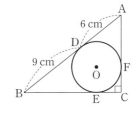

[6] 원에 외접하는 사각형의 성질

6. 오른쪽 그림에서 사각형 ABCD는 원 O에 외접하고 ∠B=90°이다. $\overline{AD}$와 원 O의 접점을 E라 할 때, $\overline{ED}$의 길이는?

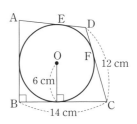

① 2 cm ② 3 cm ③ 4 cm

④ 5 cm ⑤ 6 cm

⑩ 원주각의 크기

개념 강의 보기

● 원주각과 중심각의 크기

① 원주각 : 원에서 $\overarc{AB}$ 위에 있지 않은 점 P에 대하여 $\angle APB$를 $\overarc{AB}$에 대한 원주각이라 하고 $\overarc{AB}$를 원주각 $\angle APB$에 대한 호라고 한다.

② 원주각과 중심각의 크기 : 원에서 한 호에 대한 원주각의 크기는 그 호에 대한 중심각의 크기의 $\frac{1}{2}$이다.

⇨ $\angle APB = \frac{1}{2} \angle AOB$

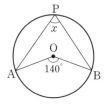

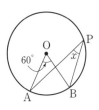

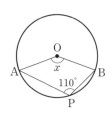

$\angle x = \frac{1}{2} \times 140°$
$= 70°$

$\angle x = \frac{1}{2} \times 60°$
$= 30°$

$\angle AOB(180°보다 큰 각)$
$= 2\angle APB = 220°$
$\therefore \angle x = 360° - 220°$
$= 140°$

바빠 꿀팁!

· $\overarc{AB}$에 대한 중심각 $\angle AOB$는 하나로 정해지지만 원주각 $\angle APB$는 무수히 많아. 아래 그림과 같이 원주각의 위치가 달라도 크기는 모두 같아.

● 원주각의 성질

① 원에서 한 호에 대한 원주각의 크기는 모두 같다.

⇨ $\angle APB = \angle AQB = \angle ARB$

② 원에서 호가 반원일 때, 그 호에 대한 원주각의 크기는 90°이다.

⇨ $\overline{AB}$가 원 O의 지름이면 $\angle APB = 90°$

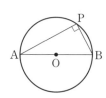

앗 실수

오른쪽 그림에서 원주각과 중심각의 관계를 착각해서 원주각 $\angle APB$의 크기를 $\frac{1}{2} \angle x$라고 하지 않도록 주의해야 해. $\angle APB$는 $\overarc{AQB}$에 대한 원주각이므로 $\angle APB$의 크기는 $\frac{1}{2} \times (360° - \angle x)$인 거야.

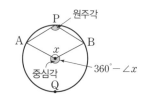

A 원주각과 중심각의 크기 1

(원주각의 크기)$=\dfrac{1}{2}\times$(중심각의 크기)이므로

$\angle APB=\dfrac{1}{2}\angle AOB$

잊지 말자. 꼬~옥! ☀

■ 다음 그림에서 $\angle x$의 크기를 구하여라.

1.

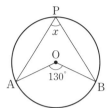

2.

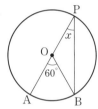

3.

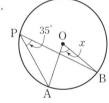

앗!실수

4.

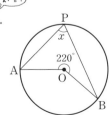

Help $\overset{\frown}{AB}$에 대한 중심각의 크기는 $360°-220°$

■ 다음 그림에서 $\angle x$, $\angle y$의 크기를 각각 구하여라.

앗!실수

5.

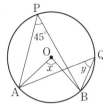

6.

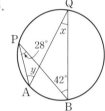

앗!실수

7.

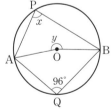

Help $\angle y=2\angle AQB$, $\angle x=\dfrac{1}{2}(360°-\angle y)$

8.

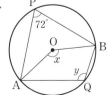

$\overline{PA}$, $\overline{PB}$가 원 O의 접선일 때,
∠PAO=∠PBO=90°이므로
∠P+∠AOB=180°

∠ACB=$\frac{1}{2}$×∠AOB

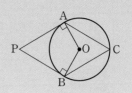

■ 다음 그림에서 ∠x의 크기를 구하여라.

1.

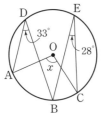

[Help] 점 O와 점 B를 잇는다.

2.

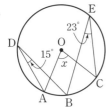

3.

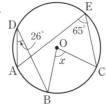

4.

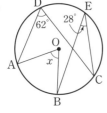

5.

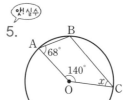

[Help] ∠ABC=$\frac{1}{2}$(360°−140°)

6.

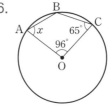

7.

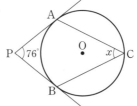

[Help] 두 점 A, O를 잇고 두 점 B, O를 잇는다.

8.

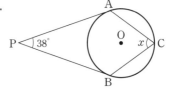

C 한 호에 대한 원주각의 크기

오른쪽 그림에서 $\angle x$, $\angle y$의 크기를 구해 보자.
한 호에 대한 원주각의 크기가 같으므로
$\angle y = \angle ADC = 38°$
$\angle x = \angle DAB = 62° - 38° = 24°$

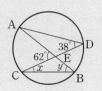

■ 다음 그림에서 $\angle x$의 크기를 구하여라.

1.

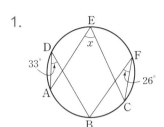

Help 점 B와 점 E를 잇는다.

2.

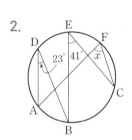

3.

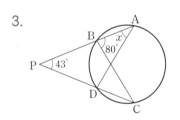

4.

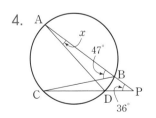

■ 다음 그림에서 $\angle x$, $\angle y$의 크기를 각각 구하여라.

5.

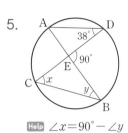

Help $\angle x = 90° - \angle y$

6.

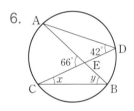

■ 다음 그림에서 $\angle x$의 크기를 구하여라.

앗실수

7.

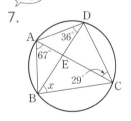

8.

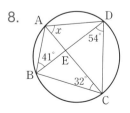

원에서 호가 반원일 때, 그 호에 대한 원주각의 크기는 90°야.
즉, $\overline{AB}$가 원 O의 지름이면
$\angle APB = \angle AQB = \angle ARB = 90°$인 거지.
아하 그렇구나!

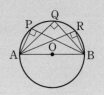

■ 다음 그림에서 $\angle x$의 크기를 구하여라.

1.

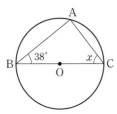

2.

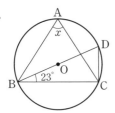

Help $\angle BCD = 90°$, $\angle BDC = \angle x$

3.

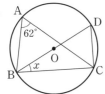

4.

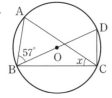

■ 다음 그림에서 $\angle x$, $\angle y$의 크기를 각각 구하여라.

앗실수

5.

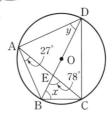

Help $\angle ABD = 78° - 27°$, $\angle y + \angle ABD = 90°$

6.

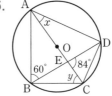

■ 다음 그림에서 $\angle x$의 크기를 구하여라.

앗실수

7.

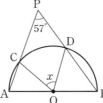

Help 점 C와 점 B를 이으면 $\angle ACB = 90°$
$\angle x = 2 \angle CBD$

8.

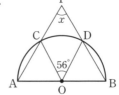

거저먹는 시험 문제

[1~3] 원주각과 중심각의 크기

1. 오른쪽 그림과 같은 원 O에서 ∠BAC=67°일 때, ∠x의 크기는?

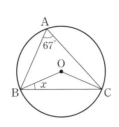

① 23°　　② 27°
③ 30°　　④ 33°
⑤ 38°

2. 오른쪽 그림에서 $\overline{AD}$는 원 O의 지름이고 ∠C=26°, ∠D=38°일 때, ∠x의 크기는?

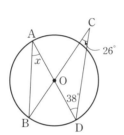

① 26°　　② 32°
③ 38°　　④ 40°
⑤ 44°

3. 오른쪽 그림에서 $\overline{PA}$, $\overline{PB}$는 원 O의 접선이고 두 점 A, B는 접점이다. ∠APB=42°일 때, ∠x의 크기를 구하여라.

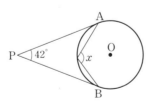

[4~6] 원주각의 크기

4. 오른쪽 그림에서 ∠y−∠x의 크기는?

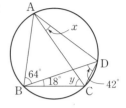

① 20°　　② 32°
③ 38°　　④ 42°
⑤ 44°

5. 오른쪽 그림에서 $\overline{AB}$는 원 O의 지름이고 ∠ACD=43°일 때, ∠x의 크기는?

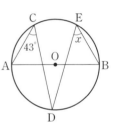

① 26°　　② 32°
③ 38°　　④ 43°
⑤ 47°

6. 오른쪽 그림에서 $\overline{BE}$는 원 O의 지름이고 ∠DBE=36°일 때, ∠x의 크기를 구하여라.

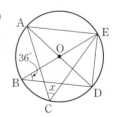

개념 강의 보기

● **원주각의 성질과 삼각비**

삼각형 ABC가 원 O에 내접할 때, 원의 지름 A′B를 그어 원에 내접하는 직각삼각형 A′BC를 그리면 ∠BAC=∠BA′C

$$\sin A = \sin A' = \frac{\overline{BC}}{\overline{A'B}}$$

$$\cos A = \cos A' = \frac{\overline{A'C}}{\overline{A'B}}$$

$$\tan A = \tan A' = \frac{\overline{BC}}{\overline{A'C}}$$

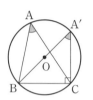

바빠 꿀팁!

• 왼쪽 그림에서 한 호에 대한 원주각의 크기는 모두 같으므로 ∠A′=∠A가 되고 ∠BCA′=90°이므로 삼각형 A′BC는 직각삼각형이 되어 삼각비의 값을 구할 수 있는 거야.

• 원주각의 크기는 중심각의 크기의 $\frac{1}{2}$이고, 중심각의 크기가 호의 길이에 정비례하므로 원주각의 크기도 호의 길이에 정비례하는 거야.

● **원주각의 크기와 호의 길이 1**

한 원에서

① $\overparen{AB}=\overparen{CD}$이면 ∠APB=∠CQD

② ∠APB=∠CQD이면 $\overparen{AB}=\overparen{CD}$

● **원주각의 크기와 호의 길이 2**

한 원에서 호의 길이는 그 호에 대한 원주각의 크기에 정비례한다.

⇨ $\overparen{AB}:\overparen{BC}=∠x:∠y$

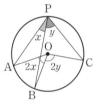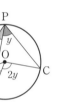

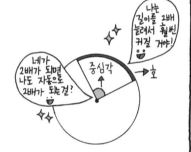

● **원주각의 크기와 호의 길이 3**

① 호 AB의 길이가 원주의 $\frac{1}{n}$이면

$$∠ACB=\frac{1}{n}×180°$$

② $\overparen{AB}:\overparen{BC}:\overparen{CA}=l:m:n$이면

$$∠ACB=\frac{l}{l+m+n}×180°, \quad ∠BAC=\frac{m}{l+m+n}×180°$$

$$∠CBA=\frac{n}{l+m+n}×180°$$

 앗! 실수

원주각의 크기는 호의 길이에 정비례해. 하지만 중심각의 크기가 현의 길이에는 정비례하지 않기 때문에 원주각의 크기도 현의 길이에는 정비례하지 않아.

A 원주각의 성질과 삼각비

■ 아래 그림의 △ABC에서 다음을 구하여라.

1. $\cos A$의 값

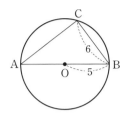

2. $\sin A$의 값

Help $\overline{BO}$를 연장하여 원과 만나는 점을 A′이라 하고 점 A′과 점 C를 잇는다.

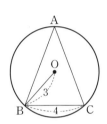

■ 아래 그림에서 다음을 구하여라.

3. $\sin x$의 값

Help $\angle ABC = \angle x$

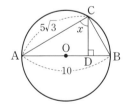

4. $\cos x$의 값

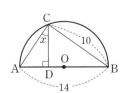

■ 아래 그림에서 삼각형 ABC의 둘레의 길이를 구하여라.

5.

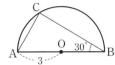

6.

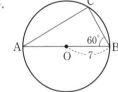

■ 아래 그림에서 원 O의 지름의 길이를 구하여라.

7.

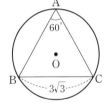

8.

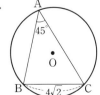

B 원주각의 크기와 호의 길이 1

한 원에서
$\overarc{AB} = \overarc{CD}$이면 $\angle APB = \angle CQD$
$\angle APB = \angle CQD$이면 $\overarc{AB} = \overarc{CD}$
아하 그렇구나!

■ 다음 그림에서 ∠x의 크기를 구하여라.

1.
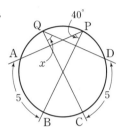

2.
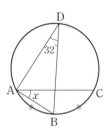

3.
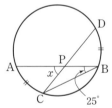

4.
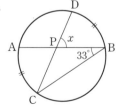

5.
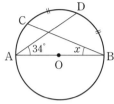

Help 점 A와 점 C를 이으면 ∠CAD=∠BAD=34°

6.
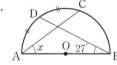

7.
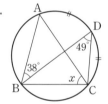

8.
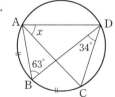

C 원주각의 크기와 호의 길이 2

한 원에서 호의 길이는 그 호에 대한
원주각의 크기에 정비례해.
$\widehat{AB} : \widehat{BC} = \angle x : \angle y$
잊지 말자. 꼬~옥!

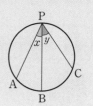

■ 다음 그림에서 ∠x의 크기를 구하여라.

1.

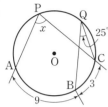

Help $\widehat{AB} : \widehat{BC} = 9 : 3 = 3 : 1$이므로
   $\angle x : 25° = 4 : 1$

2.

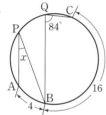

■ 다음 그림에서 x의 값을 구하여라.

3.

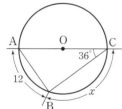

4.

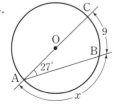

■ 다음 그림에서 ∠x의 크기를 구하여라.

5. $\widehat{AB} : \widehat{CD} = 3 : 1$

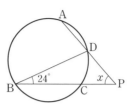

Help $\angle ADB : \angle DBC = 3 : 1$, $\angle ADB = \angle x + 24°$

6. $\widehat{AB} : \widehat{CD} = 2 : 3$

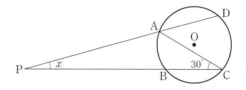

■ 다음 그림에서 $\widehat{AD}$의 길이를 구하여라.

7.

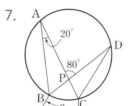

Help $\angle ABP = 80° - 20°$

8.

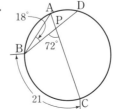

호 AB의 길이가 원주의 $\frac{1}{n}$이면

$\angle APB=\frac{1}{n}\times180°$

아하 그렇구나!

■ 다음 그림에서 ∠A, ∠B, ∠C의 크기를 각각 구하여라.

1. $\widehat{AB}:\widehat{BC}:\widehat{CA}=5:4:3$

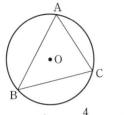

Help $\angle A=\dfrac{4}{3+4+5}\times180°$

2. $\widehat{AB}:\widehat{BC}:\widehat{CA}=2:3:4$

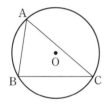

■ 다음 그림에서 ∠x의 크기를 구하여라.

3. $\widehat{AC}$, $\widehat{BD}$의 길이는 각각 원주의 $\frac{1}{6}$, $\frac{1}{5}$

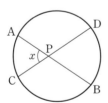

Help 점 C와 점 B를 잇는다.

4. $\widehat{AC}$, $\widehat{BD}$의 길이는 각각 원주의 $\frac{1}{4}$, $\frac{1}{9}$

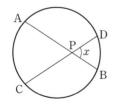

■ 다음 그림에서 $\widehat{AC}$의 길이는 원주의 몇 배인지 구하여라.

5. $\widehat{BC}$의 길이는 원주의 $\frac{1}{6}$

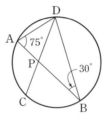

Help $\widehat{BC}$의 원주각 $\angle CDB=180°\times\frac{1}{6}$

6. $\widehat{BC}$의 길이는 원주의 $\frac{1}{4}$

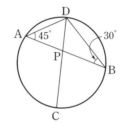

■ 다음 그림에서 원의 둘레의 길이를 구하여라.

앗실수

7.

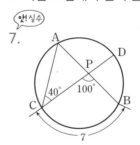

Help 7 : (원의 둘레의 길이)＝∠CAB : 180°

8.

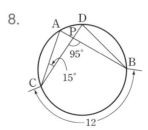

[1~2] 원주각의 크기와 삼각비

1. 오른쪽 그림과 같이 원 O에
   내접하는 삼각형 ABC에서
   $\tan A = 2$이고 $\overline{BC} = 6$일
   때, 이 원의 지름의 길이는?

   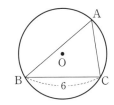

   ① 4   ② $3\sqrt{5}$

   ③ 6   ④ $5\sqrt{2}$

   ⑤ 8

2. 오른쪽 그림과 같이 원 O에
   내접하는 삼각형 ABC에서
   $\angle A = 60°$이고 $\overline{BC} = 5\sqrt{3}$
   일 때, 이 원의 반지름의 길이
   는?

   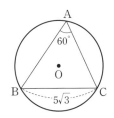

   ① 3   ② $\sqrt{15}$ ③ 4

   ④ $3\sqrt{2}$ ⑤ 5

[3~6] 원주각의 크기와 호의 길이

3. 오른쪽 그림에서 $\overline{AB}$는
   원 O의 지름이고
   $\overset{\frown}{AC} = \overset{\frown}{CD} = \overset{\frown}{DB}$일 때,
   $\angle x$의 크기를 구하여라.

   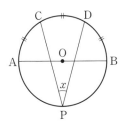

4. 오른쪽 그림에서 $\overline{AB}$는
   원 O의 지름이고
   $\overset{\frown}{AC} = 4$, $\overset{\frown}{AD} = 16$,
   $\angle ABC = 18°$일 때,
   $\angle x + \angle y$의 값은?

   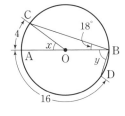

   ① 85°   ② 98°   ③ 103°

   ④ 105°   ⑤ 108°

5. 오른쪽 그림에서 $\overset{\frown}{BC}$의 길이는
   9 cm이다. $\angle ABP = 48°$,
   $\angle BPC = 84°$일 때, $\overset{\frown}{AD}$의 길
   이는?

   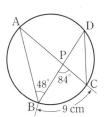

   ① 9 cm   ② 10 cm

   ③ 11 cm   ④ 12 cm

   ⑤ 13 cm

6. 오른쪽 그림에서
   $\overset{\frown}{AB}$, $\overset{\frown}{CD}$의 길이가
   각각 원주의 $\dfrac{1}{5}$, $\dfrac{1}{10}$
   일 때, $\angle CPD$의 크기를 구하여라.

   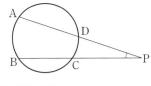

12

원에 내접하는 다각형

● **원에 내접하는 사각형의 성질**

원에 내접하는 사각형에서

① 한 쌍의 대각의 크기의 합은 $180°$이다.

   $\angle A + \angle C = 180°$,

   $\angle B + \angle D = 180°$

② $\angle DCE = \angle A$

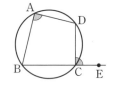

● **원에 내접하는 다각형**

원에 내접하는 다각형이 있을 때, 보조선을 그어 사각형을 만든다.

원 O에 내접하는 오각형 ABCDE에서 $\overline{BD}$를 그으면

① $\angle ABD + \angle AED = 180°$

② $\angle COD = 2\angle CBD$

● **네 점이 한 원 위에 있을 조건**

두 점 C, D가 직선 AB에 대하여 같은 쪽에 있을 때,

$\angle ACB = \angle ADB$

이면 네 점 A, B, C, D는 한 원 위에 있다.

● **사각형이 원에 내접하기 위한 조건**

사각형에서 한 쌍의 대각의 크기의 합이 $180°$이면 이 사각형은 원에 내접한다.

$\angle A + \angle C = 180°$ 또는 $\angle B + \angle D = 180°$

이면 사각형 ABCD는 원에 내접한다.

바빠 꿀팁!

• 모든 삼각형은 원에 내접해. 하지만 모든 사각형이 원에 내접하는 것은 아니고 내접하는 조건을 만족해야 해.

그런데 아래 그림과 같이 항상 원에 내접하는 사각형이 있어.

• 정사각형

• 직사각형

• 등변사다리꼴

왜냐하면 위의 사각형들은 한 쌍의 대각의 크기의 합이 $180°$이기 때문이야.

다음 사각형들은 원에 내접하지 않는다.

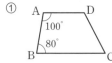

⇒ $\angle B + \angle D = 180°$일 때, 원에 내접한다.

⇒ $\angle EBA = \angle D$일 때, 원에 내접한다.

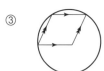

⇒ 평행사변형은 원에 내접하지 않는다.

⇒ 마름모는 정사각형일 때만 원에 내접한다.

원에 내접하는 사각형의 성질 1

사각형 ABCD가 원에 내접할 때,
$\angle A + \angle C = \angle B + \angle D = 180°$
이 정도는 암기해야 해 암암! 😆

■ 다음 그림에서 ∠x의 크기를 구하여라.

1.
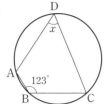

2.
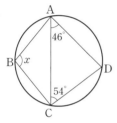

3.
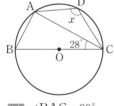

Help ∠BAC = 90°

4.
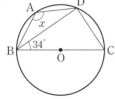

■ 다음 그림에서 ∠x, ∠y의 크기를 각각 구하여라.

5.
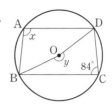

Help ∠BAD + 84° = 180°

6.
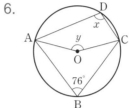

앗! 실수
7.
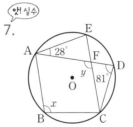

Help ∠AEC = ∠ADC

8.
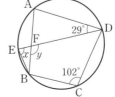

사각형 ABCD가 원에 내접할 때,
∠DCE=∠A

아하 그렇구나!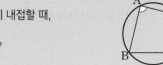

■ 다음 그림에서 ∠x, ∠y의 크기를 각각 구하여라.

1.

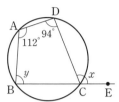

2.

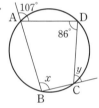

3.

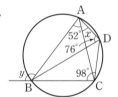

Help ∠BDC=∠BAC=52°,
∠BAD+∠BCD=180°

4.

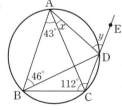

■ 다음 그림에서 ∠x의 크기를 구하여라.

5.

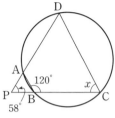

Help ∠PAB=∠x, 58°+∠x=120°

6.

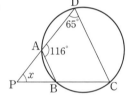

7.

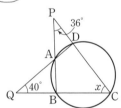

Help ∠QAB=∠x, ∠ABQ=36°+∠x
△AQB의 내각의 크기의 합은 180°임을 이용한다.

8.

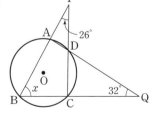

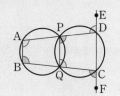

사각형 ABQP와 사각형 PQCD가 각각
원에 내접할 때,
· ∠BAP＝∠PQC＝∠PDE
· ∠ABQ＝∠QPD＝∠QCF
잊지 말자. 꼬~옥! 🦔

■ 다음 그림에서 ∠x의 크기를 구하여라.

1.

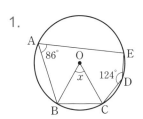

Help 점 B와 점 D를 이으면
∠BAE＋∠BDE＝180°, ∠x＝2∠BDC

2.

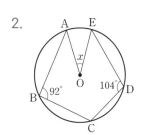

■ 다음 그림에서 ☐ 안에 알맞은 각의 크기를 써넣어라.

3.

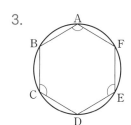

∠A＋∠C＋∠E
＝☐

Help 점 A와 점 D를 연결하면 두 개의 사각형이 된다.

4.

∠A＋∠C
＝☐

■ 다음 그림에서 ∠x의 크기를 구하여라.

5.

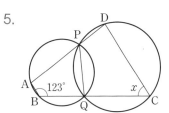

6.

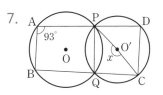

7.

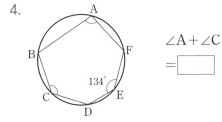

Help ∠PQC＝∠BAP, ∠PQC＋∠PDC＝180°

8.

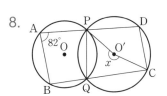

D 네 점이 한 원 위에 있을 조건
- 원주각

두 점 C, D가 직선 AB에 대하여 같은 쪽에 있을 때, ∠ACB=∠ADB이면 네 점 A, B, C, D는 한 원 위에 있어.

아하 그렇구나!

■ 다음 중 네 점 A, B, C, D가 한 원 위에 있는 것은 ○를, 한 원 위에 있지 <u>않은</u> 것은 ×를 하여라.

1.

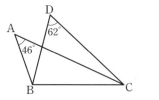

2.

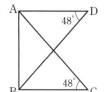

3.

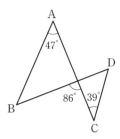

4.

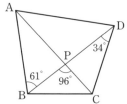

5.

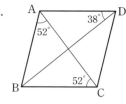

6.

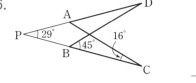

■ 다음 그림에서 네 점 A, B, C, D가 한 원 위에 있을 때, ∠x의 크기를 구하여라.

7.

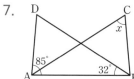

> Help ∠ADB=∠ACB일 때, 네 점 A, B, C, D가 한 원 위에 있다.

8.

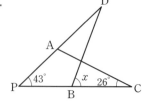

E 사각형이 원에 내접하기 위한 조건

∠A+∠C=∠B+∠D=180°
이면 사각형이 원에 내접해.

아하 그렇구나!

■ 다음 중 사각형 ABCD가 원에 내접하는 것은 ○를, 내접하지 <u>않는</u> 것은 ×를 하여라.

1.

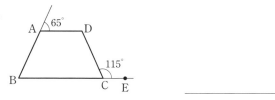

_____

2.

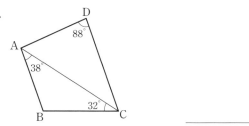

_____

3.

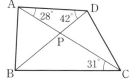

_____

Help 원주각의 크기가 같으면 네 점 A, B, C, D가 한 원 위에 있으므로 사각형 ABCD가 원에 내접한다.

4.

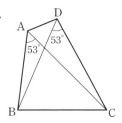

_____

5.

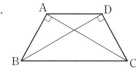

_____

6.

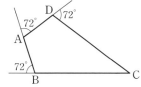

_____

■ 다음 그림에서 사각형 ABCD가 원에 내접할 때, ∠x의 크기를 구하여라.

7.

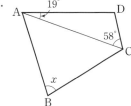

_____

8.

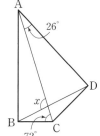

_____

[1~4] 원에 내접하는 사각형

1. 오른쪽 그림과 같이 원에 내접
   하는 사각형 ABCD에서
   $\overline{AB}=\overline{AC}$이고
   ∠ADC=116°일 때, ∠x의
   크기는?

   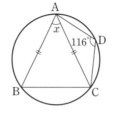

   ① 48° ② 52° ③ 55°
   ④ 60° ⑤ 64°

적중률 80%

2. 오른쪽 그림에서 $\overline{AC}$는
   원 O의 지름이고
   ∠BAC=68°,
   ∠DCE=124°일 때,
   ∠x의 크기는?

   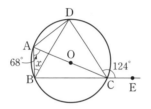

   ① 28° ② 32° ③ 34°
   ④ 35° ⑤ 37°

앗! 실수

3. 오른쪽 그림과 같이 사각형
   ABCD가 원 O에 내접하고
   ∠CAD=27°,
   ∠OBC=32°일 때, ∠x의 크
   기를 구하여라.

   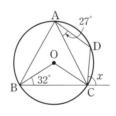

4. 오른쪽 그림과 같이 사각
   형 ABCD가 원에 내접하
   고 ∠B=71°, ∠Q=23°
   일 때, ∠x의 크기는?

   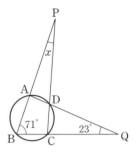

   ① 15° ② 16°
   ③ 17° ④ 18°
   ⑤ 19°

[5] 원에 내접하는 다각형

5. 오른쪽 그림과 같이 오각형
   ABCDE가 원에 내접하고
   ∠A=82°, ∠D=127°일
   때, ∠x의 크기는?

   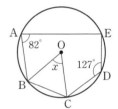

   ① 47° ② 52°
   ③ 58° ④ 60°
   ⑤ 64°

[6] 네 점이 한 원 위에 있을 조건

적중률 80%

6. 오른쪽 그림에서
   ∠ADB=39°,
   ∠APD=114°일 때, 네
   점 A, B, C, D가 한 원 위
   에 있도록 하는 ∠x의 크기를 구하여라.

   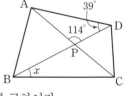

⑬ 접선과 현이 이루는 각

개념 강의 보기

● 접선과 현이 이루는 각

원의 접선과 그 접점을 지나는 현이 이루는 각의 크기는 그 각의 내부에 있는 호에 대한 원주각의 크기와 같다.

$$\angle BAT = \angle BCA$$

오른쪽 그림에서 $\overleftrightarrow{TT'}$이 점 A에서 원에 접할 때, $\angle x$, $\angle y$의 크기를 각각 구해 보자.

$$\angle x = \angle BAT' = 57°$$

$$\angle y = \angle CAT = 63°$$

원주각

접선과 현이 이루는 각

바빠 꿀팁!

접선과 현이 이루는 각은 원 전체에서 학생들이 가장 어려워하는 부분이야. 다음 순서로 찾아보자.
먼저
① 접선을 찾고
② 접점을 지나는 현을 찾아.
③ 접선과 현이 이루는 각을 표시해 둬.
④ 접선과 현 사이에 있는 호가 있을 거야.
⑤ 이 호에 대한 원주각을 찾으면 돼.

● 접선과 원의 중심을 지나는 현

두 점 A와 T를 이으면

① $\angle ATB = 90°$

② $\angle ATP = \angle ABT$

● 접선과 현이 이루는 각의 활용

$\overrightarrow{PA}$, $\overrightarrow{PB}$가 원의 접선일 때

① 삼각형 APB는 $\overline{PA} = \overline{PB}$인 이등변삼각형

② $\angle PAB = \angle PBA = \angle ACB$

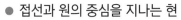

③=⑤

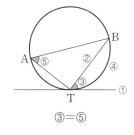

● 두 원의 공통인 접선과 현이 이루는 각

다음 그림에서 $\overleftrightarrow{PQ}$가 두 원의 공통인 접선이고 점 T가 그 접점이다. 점 T를 지나는 두 직선이 원과 만나는 점을 A, B, C, D라 할 때, $\overline{AB}/\!/\overline{CD}$가 성립한다.

① $\angle BAT = \angle BTQ = \angle DTP$
  $= \angle DCT$

  엇각의 크기가 같으므로 $\overline{AB}/\!/\overline{CD}$

② $\angle BAT = \angle BTQ = \angle CDT$

  동위각의 크기가 같으므로
  $\overline{AB}/\!/\overline{CD}$

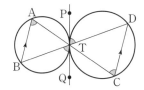

접선과 현이 이루는 각을 이용한 활용 문제를 풀어 보자.
복잡해 보여도 차분히 한 단계씩 풀면 실수하지 않고 풀 수 있어.

$\angle ECF = 180° - (58° + 42°) = 80°$, $\overline{CE} = \overline{CF}$이므로 $\angle FEC = 50°$
$\therefore \angle x = \angle FEC = 50°$

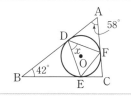

직선 TT′이 점 A에서 원에 접할 때,
· ∠CAT=∠CBA
· ∠BAT′=∠BCA
이 정도는 암기해야 해 암암!

■ 다음 그림에서 직선 AT가 원 O의 접선일 때, ∠x의
크기를 각각 구하여라.

1.
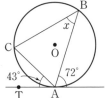

2.
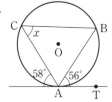

3.
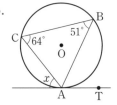

4.
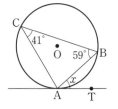

■ 다음 그림에서 직선 AT가 원 O의 접선일 때, ∠x,
∠y의 크기를 각각 구하여라.

5.
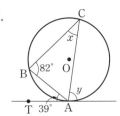

6.
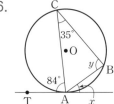

■ 다음 그림에서 직선 AT가 원 O의 접선일 때, ∠x의
크기를 각각 구하여라.

7.
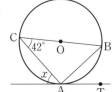

Help $\overline{BC}$가 지름이므로 ∠CAB=90°

8.
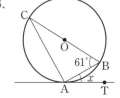

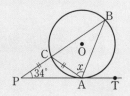

■ 다음 그림에서 직선 AT가 원 O의 접선일 때, ∠x
의 크기를 구하여라.

1.

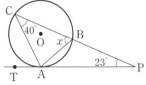

Help △APB에서 ∠x＝∠BAP＋23°

2.

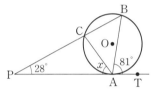

3.

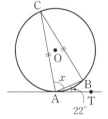

Help △ABC에서 ∠ABC＝∠x

4.

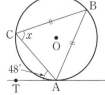

5.

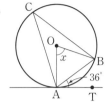

Help 중심각의 크기는 원주각의 크기의 2배이다.

6.

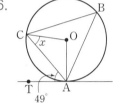

7.

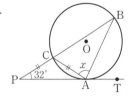

Help ∠PBA＝∠CAP＝∠CPA＝32°

8.

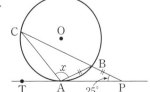

C 접선과 현이 이루는 각의 활용 1

직선 CP가 원 O의 접선일 때, ∠x의 크기는
∠DCP = ∠CAD = 34°
∠CDP = ∠ABC = 98°
삼각형 DCP에서
34° + 98° + ∠x = 180°   ∴ ∠x = 48°

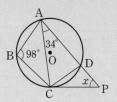

■ 다음 그림에서 직선 CT가 원 O의 접선일 때, ∠x의 크기를 구하여라.

1.

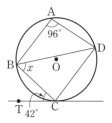

Help ∠BAD + ∠BCD = 180°

2.

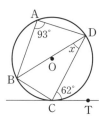

3.

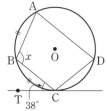

Help $\overgroup{AB}$ = $\overgroup{BC}$이므로 $\overline{AB}$ = $\overline{BC}$이다.

4.

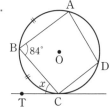

■ 다음 그림에서 직선 CP가 원 O의 접선일 때, ∠x의 크기를 구하여라.

5.

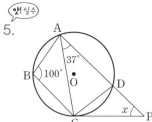

6.

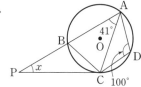

7.

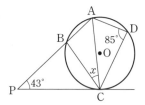

8.

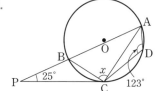

오른쪽 그림과 같이 할선이 원의 중심을 지날 때,
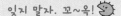
- ∠ATB=90°
- ∠ATP=∠PBT

잊지 말자. 꼬~옥!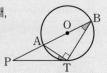

■ 다음 그림에서 직선 PT가 원 O의 접선일 때, ∠x의 크기를 구하여라.

1.

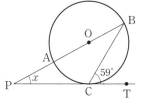

Help 점 A와 점 C를 이으면 ∠ACB=90°
∠BAC=∠BCT=59°

2.

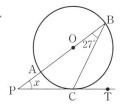

3.

얏실수

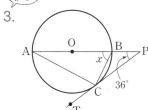

Help ∠BAC=∠BCP, ∠x=∠BCP+36°

4.

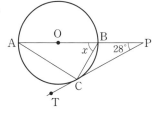

■ 다음 그림에서 직선 PA, PB가 원 O의 접선일 때, ∠x의 크기를 구하여라.

5.

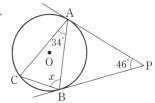

Help $\overline{PA}=\overline{PB}$이므로 ∠PAB=∠PBA

6.

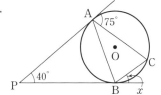

■ 다음 그림에서 원 O는 삼각형 ABC의 내접원이면서 삼각형 DEF의 외접원일 때, ∠x의 크기를 구하여라.

7.

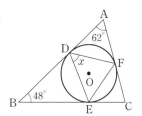

Help ∠ECF=180°−(62°+48°),
$\overline{CE}=\overline{CF}$, ∠x=∠FEC

8.

얏실수

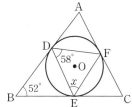

오른쪽 그림에서 두 원의 교점
T에서의 접선 PQ에 대하여
∠BAT=∠BTQ=∠PTD=∠DCT

아하 그렇구나!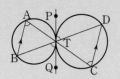

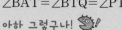

■ 다음 그림에서 직선 PQ가 두 원의 공통인 접선일 때, ∠x, ∠y의 크기를 각각 구하여라.

1.

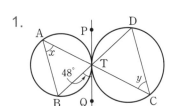

Help ∠x=∠BTQ=∠PTD=∠y

2.

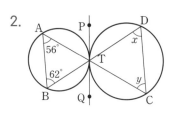

■ 다음 그림에서 직선 PQ가 두 원의 공통인 접선일 때, ∠x의 크기를 구하여라.

3.

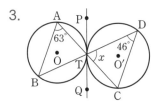

4.

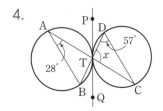

5.

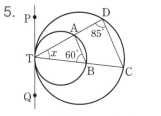

Help ∠BAT=∠BTQ=∠TDC=85°

6.

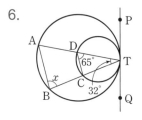

7.

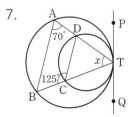

8.

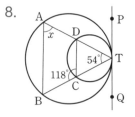

아싸!~

거저먹는 시험 문제

[1~6] 접선과 현이 이루는 각

1. 오른쪽 그림에서 직선 TT′은 원 O의 접선이고 점 C는 그 접점이다.
   ∠BAC=48°일 때, ∠BCT′의 크기는?

   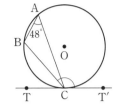

   ① 98°   ② 107°   ③ 124°
   ④ 132°   ⑤ 145°

4. 오른쪽 그림에서 직선 TT′은 원 O 위의 점 B에서의 접선이고 $\overline{AD}$는 원 O의 중심을 지난다.
   ∠BCD=125°일 때, ∠x의 크기를 구하여라.

   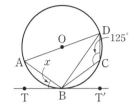

2. 오른쪽 그림에서 선분 CB의 연장선과 점 T에서 원 O에 그은 접선 TA와 만나는 점을 P라 하자. ∠ACB=36°, ∠APB=24°일 때, ∠x의 크기는?

   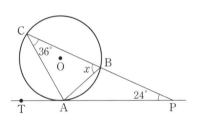

   ① 45°   ② 50°   ③ 55°
   ④ 60°   ⑤ 65°

5. 오른쪽 그림에서 $\overrightarrow{PA}$, $\overrightarrow{PB}$는 원 O의 접선이고 ∠ACB=48°일 때, ∠x의 크기는?

   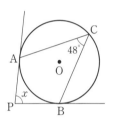

   ① 60°   ② 64°
   ③ 71°   ④ 75°
   ⑤ 84°

3. 오른쪽 그림에서 직선 CT는 원 O의 접선이고 점 C는 그 접점일 때, ∠x의 크기를 구하여라.

   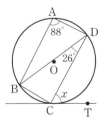

6. 오른쪽 그림에서 원 O는 삼각형 ABC의 내접원이면서 삼각형 DEF의 외접원이다.
   ∠DAF=56°, ∠DBE=44°일 때, ∠x의 크기는?

   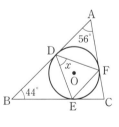

   ① 38°   ② 43°   ③ 50°
   ④ 56°   ⑤ 60°

| 2013년 기출 |

1. 그림과 같이 중심이 같고 반지름의 길이가 서로 다른 두 원이 있다. 작은 원에 접하는 큰 원의 현의 길이가 $24\sqrt{3}$일 때, 두 원의 넓이의 차는 $a\pi$이다. 이때 a의 값을 구하시오. [4점]

| 2018년 기출 |

2. 그림과 같이 원 위의 세 점 A, B, C와 원 밖의 한 점 P에 대하여 직선 PC는 원의 접선이고 세 점 A, B, P는 한 직선 위에 있다. $\overline{AB}=\overline{AC}$, $\angle APC=42°$일 때, $\angle CAB$의 크기는? [4점]

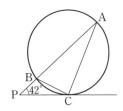

① 24° ② 26° ③ 28°
④ 30° ⑤ 32°

| 2012년 기출 |

3. 길이가 1인 선분 AB를 지름으로 하는 반원 O에서 호 AB를 5등분한 점들 중 B에 가장 가까운 점을 C라 하자. 점 C에서 선분 AB에 내린 수선의 발을 H라 할 때, $\sin 18°$의 값과 같은 것은? [4점]

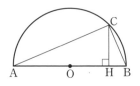

① $\overline{AC}$ ② $\overline{AH}$ ③ $\overline{BC}$
④ $\overline{BH}$ ⑤ $\overline{CH}$

| 2009년 기출 |

4. 그림과 같이 반지름의 길이가 9cm인 원 O에서 호 AB와 호 CD의 길이는 각각 4πcm, 6πcm이고, 선분 AB와 선분 CD의 연장선이 만나서 이루는 예각의 크기가 30°일 때, 호 AC의 길이는? [4점]

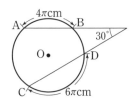

① 4πcm ② $\dfrac{17}{4}\pi$cm ③ $\dfrac{9}{2}\pi$cm
④ 5πcm ⑤ $\dfrac{11}{2}\pi$cm

셋째 마당

통계

셋째 마당에서는 통계의 기초인 대푯값과 산포도를 배울거야. 자료를 대표하는 대푯값에는 평균 이외에도 중앙값과 최빈값이 있어. 각각의 대푯값을 잘 구하는 것도 중요하지만, 자료에 따라 어떤 대푯값이 적절한지를 이해하는 것이 중요해. 또한 자료가 흩어져 있는 정도를 수치로 나타내는 산포도 중 하나인 표준편차는 구하는 과정이 복잡하므로 익숙해질 때까지 연습하고 넘어가자. 또, 두 변량 사이의 관계를 나타내는 산점도를 그리는 방법과 두 변량 사이에 상관관계가 있는지 없는지 등도 배우게 돼.

이 단원은 처음 배우는 용어가 많아서 어렵게 느껴질 수 있지만 용어만 잘 공부해도 쉽게 풀리는 문제가 많으니 겁먹지 말자!

공부할 내용!	7일 진도	14일 진도	스스로 계획을 세워 봐!
14. 대푯값		12일차	___월 ___일
15. 분산과 표준편차	7일차	13일차	___월 ___일
16. 산점도와 상관관계		14일차	___월 ___일

너무 복잡해~

순서대로 외워 봐.
평균 → 편차 → (편차)²의 총합 → 분산 → 표준편차

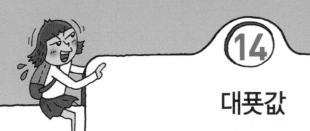

14

대푯값

● **대푯값**

자료의 중심 경향을 하나의 수로 나타내어 전체 자료를 대표하는 값이다. 대푯값에는 평균, 중앙값, 최빈값 등이 있다.

① 평균 : $(평균) = \dfrac{(전체\ 자료의\ 합)}{(자료의\ 개수)}$

② 중앙값 : 자료를 작은 값에서부터 크기순으로 나열할 때, 중앙에 위치한 값

  • 자료의 개수가 홀수이면 가운데 위치한 값이 중앙값

   자료가 5, 9, 3, 2, 8, 1, 6일 때, 작은 값부터 순서대로 나열하면

   1, 2, 3, 5, 6, 8, 9

   중앙에 있는 5가 중앙값

  • 자료의 개수가 짝수이면 가운데 위치한 두 값의 평균이 중앙값

   자료가 3, 1, 5, 9, 2, 7, 1, 6일 때, 작은 값부터 순서대로 나열하면

   1, 1, 2, 3, 5, 6, 7, 9

   중앙에 있는 3, 5의 평균인 $\dfrac{3+5}{2}=4$가 중앙값

③ 최빈값 : 자료의 값 중에서 가장 많이 나타난 값, 즉 도수가 가장 큰 값
                                                  자료의 개수

  • 자료가 5, 4, 4, 4, 5, 7, 6일 때,

   ▷ 4의 도수가 3으로 가장 크므로 최빈값은 4이다.

  • 최빈값은 2개 이상일 수도 있고, 존재하지 않을 수도 있다.

   자료가 5, 4, 8, 5, 7, 6, 4일 때,

   ▷ 4의 도수가 2이고 5의 도수가 2이므로 최빈값은 4, 5이다.

   자료가 5, 5, 4, 4, 6, 6, 7, 7일 때,

   ▷ 자료의 도수가 모두 2이므로 최빈값은 없다.

  • 자료의 개수가 많거나 자료가 수치로 표현되지 못하는 경우, 즉 문자 또는 기호인 경우에도 자료의 중심 경향을 잘 나타낼 수 있다.

  • 자료의 개수가 적은 경우에는 자료의 중심 경향을 잘 나타내지 못할 수 있다.

> **바빠 꿀팁!**
>
> • 어느 동아리 회원의 수학 점수가 80점, 85점, 90점, 20점, 85점이라 하면 평균 점수는 20점을 받은 회원 때문에 크게 낮아져서
> $$\dfrac{80+85+90+20+85}{5}=72(점)$$
> 이 돼. 이렇게 극단적으로 낮은 수학 점수가 섞여 있으면 대부분의 수학 점수는 높은데도 평균에는 제대로 나타나지 않아.
> 그렇지만 이와 같은 경우에는 중앙값은 85점이 되고 최빈값도 85점이 되어 평균보다도 집단의 특성을 잘 나타낼 수 있어.

토끼가 우리 마을의 최빈값이군!

앗! 실수

자료가 3, 7, 5, 2, 5, 1, 5일 때, 중앙값을 구하기 위해 작은 값부터 크기순으로 나열해 보자.

중복된 수를 한 번만 쓰면 1, 2, 3, 5, 7이 되어 중앙값이 3이 되지만 중복된 수를 모두 쓰면 1, 2, 3, 5, 5, 5, 7이 되어 중앙값은 5가 돼.

이와 같이 중앙값을 구할 때는 반드시 중복된 것을 모두 나열해야 틀리지 않아.

그리고 평균, 중앙값, 최빈값 등의 대푯값을 답으로 쓸 때는 단위를 꼭 써야 하는 것에 주의해.

A 평균

자료 전체의 특징을 나타내는 대푯값으로 평균을 가장 많이 이용하지만 자료 중 다른 자료보다 너무 큰 값이나 너무 작은 값이 포함되어 있으면 자료를 잘 대표하지 못하는 것이 단점이야.

아하 그렇구나!

■ 다음 자료의 평균을 구하여라.

1.
2, 5, 4, 3, 1

2.
3, 6, 4, 9, 8

3.
9, 6, 2, 7, 10, 8

4.
7, 10, 9, 8, 11, 9

■ 다음을 구하여라.

5. 2개의 변량 a, b의 평균이 6일 때, 3개의 변량 a, b, 3의 평균

  Help $\dfrac{a+b}{2}=6$ $\therefore a+b=12$

6. 2개의 변량 a, b의 평균이 7일 때, 3개의 변량 4, a, b의 평균

7. 2개의 변량 a, b의 평균이 9일 때, 4개의 변량 5, a, b, 13의 평균

8. 3개의 변량 a, b, c의 평균이 22일 때, 5개의 변량 21, a, b, c, 28의 평균

중앙값과 최빈값 1

- 중앙값은 자료를 작은 값부터 순서대로 나열한 후 중앙에 오는 값을 찾으면 돼. 자료의 개수가 홀수이면 중앙에 있는 값이 중앙값이고, 짝수이면 중앙에 있는 두 값의 평균이 중앙값이야.
- 최빈값은 자료 중에서 도수가 가장 큰 값이야.

■ 다음 자료의 중앙값과 최빈값을 구하여라.

1.

| 6, 5, 4, 3, 2, 1, 4 |

중앙값 _____

최빈값 _____

Help 자료를 작은 값부터 순서대로 나열한다.

2. 앗!실수

| 1, 6, 2, 2, 7, 1, 4 |

중앙값 _____

최빈값 _____

Help 최빈값은 2개 이상일 수 있다.

3.

| 2, 5, 9, 9, 8, 3, 3, 1, 3 |

중앙값 _____

최빈값 _____

4.

| 4, 4, 7, 9, 3, 7, 6, 2, 7 |

중앙값 _____

최빈값 _____

5.

| 8, 3, 1, 2, 7, 3, 2, 2 |

중앙값 _____

최빈값 _____

Help 자료의 개수가 짝수이므로 중앙값은 중앙에 있는 두 값의 평균이다.

6.

| 2, 1, 4, 7, 8, 3, 3, 5 |

중앙값 _____

최빈값 _____

7.

| 1, 3, 4, 6, 9, 3, 3, 1, 2, 7 |

중앙값 _____

최빈값 _____

8.

| 11, 7, 4, 6, 10, 14, 7, 16, 11, 8 |

중앙값 _____

최빈값 _____

C 중앙값과 최빈값 2

오른쪽 줄기와 잎 그림에서 중앙값은 자료가 모두 9개이므로 5번째 값인 46세이고 최빈값은 43세야.

아하 그렇구나!

쇼핑몰 회원의 나이   (3 | 4는 34세)

줄기	잎
3	1 4
4	3 3 6 9
5	2 6 7

■ 다음 표에서 중앙값과 최빈값을 구하여라.

1. 블로그 회원의 나이

(1 | 5는 15세)

줄기	잎
1	5 8
2	2 2 4
3	1 4 5 8

중앙값 _____

최빈값 _____

Help 자료가 모두 9개이므로 5번째 값이 중앙값이다.

2. 한 달 동안 운동 시간

(1 | 0은 10시간)

줄기	잎
1	0 2
2	1 5 6
3	0 3 4 4 4
4	1 2 5 5

중앙값 _____

최빈값 _____

앗!실수

3. 남자 중학생의 몸무게

(7 | 0은 70kg)

줄기	잎
4	9
5	3 6 6
6	5 5 5 7 8
7	0 2 2 4
8	3 7 9

중앙값 _____

최빈값 _____

■ 다음 표에서 최빈값을 구하여라.

4. 상준이네 반 학생들이 좋아하는 과목

과목	학생 수(명)
국어	4
영어	3
수학	2
사회	6
과학	5
합계	20

최빈값 _____

5. 경희가 일주일 동안 문자를 받은 요일

요일	문자(개)
일	2
월	5
화	3
수	7
목	6
금	9
토	8
합계	40

최빈값 _____

6. 영아네 반 학생들이 좋아하는 계절

봄	겨울	여름	봄	가을	여름
겨울	봄	봄	가을	여름	겨울
여름	가을	겨울	봄	겨울	봄

최빈값 _____

D 대푯값이 주어질 때 변량 구하기

미지수 x가 포함된 변량에서
• 중앙값이 주어질 때, 자료의 개수가 홀수일 때와 짝수일 때를 나누어 미지수 x의 값을 정해야 해.
• 평균과 최빈값이 같을 때, 자료 중 최빈값을 먼저 찾고 평균을 이용하여 x의 값을 구하면 돼.

■ 다음 자료에서 x의 값을 구하여라.

1. $10, x, 13, 19$의 평균이 15

Help $\dfrac{10+x+13+19}{4}=15$

2. $15, 21, 18, x, 16$의 평균이 18

3. $8, 12, 19, x, 25$의 중앙값이 15

4. $4, 11, 7, x$의 중앙값이 8

Help 중앙값이 8이므로 자료를 작은 값부터 순서대로 나열하면 $4, 7, x, 11$이고 7과 x의 평균이 8이다.

5. $16, 20, 15, x$의 중앙값이 17

6. $5, 9, 5, x, 5, 1, 2, 8$의 평균과 최빈값이 같다.

Help x의 값에 상관없이 도수가 3개인 변량이 최빈값이다.

7. $8, 3, 5, 8, 15, 8, 11, x$의 평균과 최빈값이 같다.

■ 다음 자료에서 중앙값을 구하여라.

8. $14, 20, 13, x, 10, 11$의 평균이 13

9. $17, 32, 24, x, 15, 18$의 평균이 22

거저먹는 시험 문제

[1~3] 평균

1. 4개의 변량 a, b, c, d의 평균이 12일 때, 6개의 변량 $6, a, b, c, d, 18$의 평균은?

   ① 10   ② 11   ③ 12

   ④ 13   ⑤ 14

2. 다음 표는 일주일 동안 근영이의 블로그에 방문한 사람의 수를 조사하여 나타낸 것이다. 방문한 사람 수의 평균이 11일 때, x의 값은?

요일	월	화	수	목	금	토	일
방문자 수 (명)	10	8	x	15	13	9	12

   ① 9   ② 10   ③ 11

   ④ 12   ⑤ 13

3. 다음은 어느 반 학생들의 일주일 동안의 컴퓨터 사용 시간을 조사하여 나타낸 줄기와 잎 그림이다. 이 자료의 평균은?

컴퓨터 사용 시간   (1 | 0은 10시간)

줄기	잎
0	2 4
1	1 3 5
2	0 2 7
3	1 5

[4~6] 중앙값과 최빈값

4. 의현이는 네 번의 과학 시험에서 각각 85점, 95점, 88점, x점을 받았다. 시험 점수의 중앙값이 90점일 때, x의 값은?

   ① 88   ② 89   ③ 90

   ④ 91   ⑤ 92

5. 다음 자료의 평균과 최빈값이 같을 때, x의 값을 구하여라.

   $$8, \ 4, \ 7, \ x, \ 6, \ 7, \ 10, \ 5, \ 7$$

6. 다음 표는 두 학생 A, B의 5회에 걸친 수학 쪽지 시험 점수를 나타낸 표이다. 다음 설명 중 옳지 <u>않은</u> 것은?

학생 \ 횟수	1회	2회	3회	4회	5회
A	7	8	9	10	7
B	8	6	9	9	7

   ① B의 최빈값은 9이다.

   ② A의 중앙값과 B의 중앙값은 같다.

   ③ A의 평균이 B의 평균보다 크다.

   ④ A의 중앙값과 최빈값은 같다.

   ⑤ B의 중앙값은 최빈값보다 작다.

15 분산과 표준편차

개념 강의 보기

● **산포도**

자료가 흩어져 있는 정도를 하나의 수로 나타낸 값

① **편차** : 어떤 자료의 각 변량에서 평균을 뺀 값
   <small>자료를 수량으로 나타낸 값</small>

$$(편차) = (변량) - (평균)$$

- 편차의 합은 항상 0이다.
- 변량이 평균보다 크면 편차는 양수이고, 평균보다 작으면 편차는 음수이다.
- 편차의 절댓값이 클수록 변량은 평균에서 멀리 떨어져 있고, 편차의 절댓값이 작을수록 변량은 평균 가까이에 있다.

② **분산** : 편차의 제곱의 평균

$$(분산) = \frac{\{(편차)^2의\ 총합\}}{(변량의\ 개수)}$$

③ **표준편차** : 분산의 음이 아닌 제곱근

$$(표준편차) = \sqrt{(분산)}$$

어떤 자료의 편차가 아래와 같을 때, 표준편차를 구해 보자.

$$-2, 2, 4, -2, -2$$

$\{(편차)^2의\ 총합\} = (-2)^2 + 2^2 + 4^2 + (-2)^2 + (-2)^2 = 32$

$(분산) = \dfrac{32}{5} = 6.4$, $(표준편차) = \sqrt{(분산)} = \sqrt{6.4}$

학생들의 윗몸 일으키기 횟수를 조사하여 나타낸 자료가 아래와 같을 때, 윗몸 일으키기 횟수의 분산과 표준편차를 구해 보자.

$$38, 42, 41, 43, 36$$

$(평균) = \dfrac{38+42+41+43+36}{5} = 40(회)$

$(분산) = \dfrac{(38-40)^2 + (42-40)^2 + (41-40)^2 + (43-40)^2 + (36-40)^2}{5}$

$\qquad = 6.8$

$(표준편차) = \sqrt{6.8}(회)$

바빠 꿀팁!
- 산포도는 한자로 散布度인데 흩어질 산, 퍼질 포, 정도 도로 자료가 퍼져 있는 정도를 나타내. 따라서 산포도가 크면 자료가 많이 퍼져 있다는 뜻이지.
- 분산과 표준편차가 작을수록 자료는 평균 가까이에 모여 있고, 분산과 표준편차가 클수록 자료는 평균에서 멀리 흩어져 있어.

너무 복잡해~

순서대로 외워 봐. 평균 → 편차 → (편차)²의 총합 → 분산 → 표준편차

앗! 실수

- 편차의 합은 항상 0이므로 편차의 평균도 0이어서 산포도로 사용할 수 없어. 그렇지만 편차를 제곱하면 그 값은 모두 양수가 되므로 편차의 제곱의 평균을 산포도로 사용하는 거야.
- 산포도는 분산만 구하면 될 것 같은데 표준편차까지 구하는 이유는 무얼까? 산포도를 자료의 단위와 같게 맞추기 위해서야. 분산은 편차들을 제곱한 것이므로 자료의 단위를 쓸 수 없지만 분산의 제곱근인 표준편차는 자료의 단위와 같아.

- (편차)＝(변량)－(평균)
- 편차의 절댓값이 클수록 변량은 평균에서 멀리 떨어져 있고, 편차의 절댓값이 작을수록 변량은 평균 가까이에 있다.

아하 그렇구나!

■ 아래 표는 편차를 나타낸 것이다. 다음 표의 빈칸에 알맞은 수를 써넣어라.

1. (평균)＝6 cm

변량	2	5	6	8	9
편차(cm)	－4		0		

Help (편차)＝(변량)－(평균)

2. (평균)＝9 cm

변량	5	7	8	12	13
편차(cm)			－1		

3. (평균)＝11점

학생	15	4	11	12	16	8
편차(점)						

4. (평균)＝15점

학생	20	9	16	19	8	18
편차(점)						

■ 다음 편차에 대한 설명 중 옳은 것은 ○를, 옳지 않은 것은 ×를 하여라.

5. 편차의 총합은 항상 0이다.

_____

6. (편차)＝(평균)－(변량)

_____

7. 편차의 제곱의 합은 항상 0이다.

_____

8. 변량이 흩어져 있는 정도를 하나의 수로 나타낸 것이 산포도이다.

_____

9. 편차는 양상 양수이다.

_____

10. 평균보다 작은 변량의 편차는 음수이다.

_____

11. 편차의 절댓값이 작을수록 평균에 가깝다.

_____

- (편차)＝(변량)－(평균)
- 편차의 합은 항상 0이야.
- 편차의 부호 : 평균보다 큰 변량은 ＋, 평균보다 작은 변량은 －

이 정도는 암기해야 해 암암! 🌀

■ 아래 표는 편차를 나타낸 것이다. 다음 표의 빈칸에 알맞은 수를 써넣어라.

1. 5명의 학생의 키의 편차

학생	A	B	C	D	E
편차(cm)	−2	3		−5	4

Help 편차의 합은 0이다.

2. 6명의 학생의 수학 점수의 편차

학생	A	B	C	D	E	F
편차(점)	4	−1	−4	6		−2

3. 6명의 학생의 몸무게의 편차

학생	A	B	C	D	E	F
편차(kg)	−1	2	−2	5	−3	

4. 7명의 학생의 앉은 키의 편차

학생	A	B	C	D	E	F	G
편차(cm)	4	−3	−2	1	4		0

■ 아래 표는 편차를 나타낸 것이다. 다음을 구하여라.

앗실수

5. 5명의 학생의 봉사 활동 시간의 평균이 20시간일 때, 학생 E의 봉사 활동 시간

학생	A	B	C	D	E
편차(시간)	2	−3	1	−1	

Help 편차를 먼저 구한 후 (편차)＝(변량)－(평균)임을 이용하여 학생 E의 봉사 활동 시간을 구한다.

6. 6명의 학생의 일주일 동안 컴퓨터 사용 시간의 평균이 7시간일 때, 학생 B의 컴퓨터 사용 시간

학생	A	B	C	D	E	F
편차(시간)	4		−3	3	−1	−5

■ 다음 표는 변량과 편차를 나타낸 것이다. a, b, c의 값을 각각 구하여라.

7. 5명의 학생의 영어 점수와 편차

학생	A	B	C	D	E
영어 점수(점)	77	a	b	78	76
편차(점)	1	−2	c	2	0

Help 편차가 0인 학생 E의 점수가 평균이다.

8. 한 편의점에서 팔고 있는 5종류의 음료수의 판매 개수와 편차

학생	A	B	C	D	E
음료수(개)	37	a	40	b	45
편차(개)	−3	c	0	−7	5

C 분산과 표준편차 구하기 1

$\cdot$ (분산) $=\dfrac{\{(\text{편차})^2 \text{의 총합}\}}{(\text{변량의 개수})}$

$\cdot$ (표준편차) $=\sqrt{(\text{분산})}$

이 정도는 암기해야 해 암암! 🐛

■ 어떤 자료의 편차가 아래와 같을 때, 다음을 구하여라.

$$-2, \ -1, \ -1, \ 1, \ 3$$

1. (편차)^{2}의 총합

   Help $(-2)^2+(-1)^2+(-1)^2+1^2+3^2$

2. 분산

   Help $(\text{분산})=\dfrac{\{(\text{편차})^2 \text{의 총합}\}}{(\text{변량의 개수})}$

3. 표준편차

   Help $(\text{표준편차})=\sqrt{(\text{분산})}$

$$2, \ -4, \ 3, \ 0, \ -1$$

4. (편차)^{2}의 총합

5. 분산

6. 표준편차

$$-1, \ 4, \ -2, \ -1, \ -1, \ 1$$

7. (편차)^{2}의 총합

8. 분산

9. 표준편차

$$1, \ -1, \ 0, \ -2, \ 1, \ 2, \ 3, \ -4$$

10. (편차)^{2}의 총합

11. 분산

12. 표준편차

D 분산과 표준편차 구하기 2

변량이 주어질 때 표준편차 구하기
평균 → 각 변량에 대한 편차 → (편차)^{2}의 총합 → 분산 → 표준편차
이 정도는 암기해야 해 암암!

■ 아래 자료는 남자 중학생 5명의 일주일 동안 운동 시간을 조사하여 나타낸 것이다. 다음을 구하여라.

$$7,\ 8,\ 3,\ 2,\ 5$$

(단위 : 시간)

1. 평균

2. 각 변량에 대한 편차

3. (편차)^{2}의 총합

4. 분산

5. 표준편차

■ 아래 자료는 축구 동아리 회원 6명이 지난해에 넣은 골 수를 조사하여 나타낸 것이다. 다음을 구하여라.

$$4,\ 7,\ 9,\ 13,\ 12,\ 9$$

(단위 : 골)

6. 평균

7. 각 변량에 대한 편차

8. (편차)^{2}의 총합

9. 분산

10. 표준편차

자료의 분석

- 각 자료의 값이 평균 가까이에 모여 있어야 표준편차가 작아.
- 자료의 분포 상태가 고른 반은 표준편차가 작은 반이야.

잊지 말자. 꼬~옥!

■ 다음 표에서 A, B 두 학생 중 표준편차가 작은 학생을 골라라.

1. 일주일 동안의 방과 후 학습량

요일	월	화	수	목	금	토	일
A (시간)	3.3	4.6	3.2	3.5	2.6	4.3	3
B (시간)	1	5.4	3.5	10	1.3	3.1	1.2

Help 학습량의 차이가 작은 학생을 고른다.

2. 일주일 동안 받은 문자의 개수

요일	월	화	수	목	금	토	일
A(개)	10	12	15	20	30	27	5
B(개)	18	17	16	16	15	10	12

■ 다음 표에서 1반, 2반, 3반 중 표준편차가 가장 작은 반을 골라라.

3. 5회에 걸쳐 치러진 수학 점수의 평균

	1회	2회	3회	4회	5회
1반(점)	75	71	70	74	75
2반(점)	64	77	70	75	85
3반(점)	72	65	69	78	81

4. 5회에 걸쳐 치러진 과학 수행 평가 점수의 평균

	1회	2회	3회	4회	5회
1반(점)	33	48	39	46	36
2반(점)	40	44	42	41	43
3반(점)	38	37	42	44	49

■ 아래 표에서 A반, B반, C반, D반, E반 중 다음을 구하여라.

5. 5개 학급 중 영어 성적이 가장 고른 반

학급	A	B	C	D	E
평균(점)	75	77	79	73	76
표준편차 (점)	1.5	2	3	1	1.2

Help 표준편차가 작은 반이 성적이 고른반이다.

6. 5개 학급의 학생들의 몸무게의 차이가 가장 작은 반

학급	A	B	C	D	E
평균(kg)	53	56	54	52	57
표준편차 (kg)	3.5	4	3	2.3	4.2

[1~6] 분산과 표준편차

1. 다음 중 옳지 않은 것을 모두 고르면? (정답 2개)

   ① 표준편차가 작을수록 자료는 고르게 분포되어
   있다.

   ② 편차의 합은 항상 0이다.

   ③ 평균이 높으면 표준편차가 크다.

   ④ 편차의 제곱의 평균이 분산이다.

   ⑤ 분산이 크면 표준편차는 작다.

2. 다음 표는 지윤이의 5회에 걸친 윗몸일으키기 횟수
   의 편차를 나타낸 것일 때, 분산은?

회차	1	2	3	4	5
편차(회)	2	−4	3	−2	1

   ① 4.2　　　　② 5　　　　③ 5.7

   ④ 6.8　　　　⑤ 7.2

3. 다음 표는 규호의 팔굽혀펴기 횟수의 편차를 나타낸
   것이다. 이때 x의 값과 팔굽혀펴기 횟수의 표준편차
   를 각각 구하여라.

회차	1	2	3	4	5	6
편차(회)	−3	0	x	3	−2	1

4. 다음 표는 어느 도시의 10월 일주일 동안의 최저 기
   온을 조사하여 나타낸 것이다. 이 자료의 표준편차는?

요일	월	화	수	목	금	토	일
온도(℃)	4	6	10	8	7	12	9

   ① $\sqrt{5}$ ℃　　　② $\sqrt{6}$ ℃　　　③ $2\sqrt{2}$ ℃

   ④ 3 ℃　　　⑤ 6 ℃

5. 아래 표는 5개 지역 학생들의 국어 점수의 평균과 표
   준편차를 나타낸 것이다. 다음 중 이 자료에 대한 설
   명으로 옳은 것을 모두 고르면? (정답 2개)

   (단, 5개 지역의 학생 수의 총합은 같다.)

지역	A	B	C	D	E
평균(점)	78	69	72	75	77
표준편차(점)	5.3	6	3	8.5	3.2

   ① 국어 점수가 가장 높은 학생은 A지역에 있다.

   ② 국어 점수에 대한 (편차)²의 총합이 가장 큰 지
   역은 D지역이다.

   ③ 국어 점수가 가장 고르지 않은 지역은 B지역이다.

   ④ B지역에 국어 점수가 가장 낮은 학생이 있다.

   ⑤ 국어 점수가 가장 고른 지역은 C지역이다.

6. 다음 자료들 중에서 표준편차가 가장 큰 것은?

   ① 3, 2, 1, 3, 2, 1, 3, 2, 1, 3

   ② 6, 6, 6, 6, 6, 6, 6, 6, 6, 6

   ③ 2, 5, 2, 5, 2, 5, 2, 5, 2, 5

   ④ 7, 3, 7, 3, 7, 3, 7, 3, 7, 3

   ⑤ 4, 2, 4, 2, 3, 3, 3, 3, 4, 2

16 산점도와 상관관계

개념 강의 보기

● 산점도

두 변량 사이의 관계를 알기 위해 두 변량 x, y의 순서쌍 (x, y)를 좌표평면 위에 점으로 나타낸 그림이다.

학생	수학 (점)	과학 (점)
A	75	70
B	95	95
C	80	85
D	75	80
E	85	90

수학 점수를 x, 과학 점수를 y로 정하여 순서쌍 (x, y)로 나타낸다. →

(x, y)
$(75, 70)$
$(95, 95)$
$(80, 85)$
$(75, 80)$
$(85, 90)$

점 (x, y)를 좌표평면에 나타낸다. →

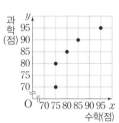

바빠 꿀팁!

• 산점도는 흩어질 산(産), 점 점(點), 그림 도(圖)란 뜻으로 두 변량을 흩어져 있는 점으로 나타낸 그림이란 뜻이야.
• 양의 상관관계가 있으면 산점도는 오른쪽 위로 향하는 모양이고 음의 상관관계가 있으면 산점도는 오른쪽 아래로 향하는 모양이야.

● 상관관계

두 변량 x, y에 대하여 x의 값이 변함에 따라 y의 값이 변하는 경향이 있을 때, 이 두 변량 x, y 사이의 관계를 상관관계라고 한다. 두 변량 사이에 양 또는 음의 상관관계가 있는 산점도에서 점들이 한 직선 가까이에 모여 있을수록 상관관계가 강하다고 하고, 한 직선에서 멀리 흩어져 있을수록 상관관계가 약하다고 한다.

① 양의 상관관계: x의 값이 증가함에 따라 y의 값도 대체로 증가하는 경향이 있는 관계이다. 예를 들어 영화 관객이 많을수록 입장료 수입이 많아지므로 이 둘은 양의 상관관계이다.

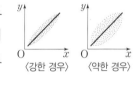
〈강한 경우〉　〈약한 경우〉

② 음의 상관관계: x의 값이 증가함에 따라 y의 값은 대체로 감소하는 경향이 있는 관계이다. 예를 들어 스마트폰 사용량이 많아질수록 남은 배터리 양은 적어지므로 이 둘은 음의 상관관계이다.

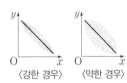
〈강한 경우〉　〈약한 경우〉

③ 상관관계가 없다.: x의 값이 증가함에 따라 y의 값이 커지는지 작아지는지 그 관계가 분명하지 않은 경우이다. 예를 들어 몸무게와 수학 점수는 서로 상관관계가 없다.

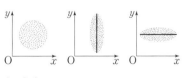

앗! 실수

음의 상관관계가 있는 것과 상관관계가 없는 것을 혼동하는 경우가 있어. x의 값이 증가함에 따라 y의 값은 대체로 감소하면 감소하니까 상관관계가 없다고 생각하는 학생이 있거든. 이 경우는 상관관계가 없는 것이 아니라 상관관계가 있는데 음의 상관관계라는 거야.

A 산점도 그리기

표를 보고 순서쌍을 만들 때 오른쪽 그래프에서 아래 가로로 있는 값이 국어 점수이므로 순서쌍에 먼저 쓰고 세로로 있는 값이 영어 점수이므로 나중에 써서 (국어 점수, 영어 점수)의 점을 찍어.

영어(점) → 국어(점)

■ 주어진 표를 보고 산점도를 그려라.

1.

몸무게(kg)	70	60	75	65	85
키(cm)	175	165	170	170	180

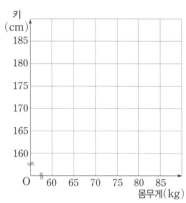

Help 각각 (몸무게, 키)로 순서쌍을 만들어 산점도에 점으로 표시한다.

3.

낮의 길이 (시간)	10	13	12	11	14	9
밤의 길이 (시간)	14	11	12	13	10	15

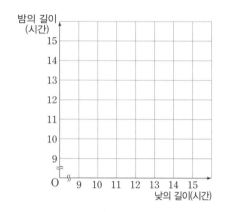

2.

용돈(만 원)	8	6	10	9	7	11
저축액(만 원)	4	2	3	2	3	5

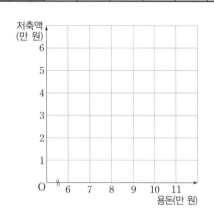

4.

핸드폰 사용량 (시간)	1	4	3	2	5	6
공부 양 (시간)	5	3	4	5	1	4

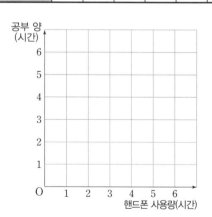

B 산점도 분석하기

• x와 y가 같다 ⇨ 대각선에 있는 점
• x가 y보다 크다 ⇨ 대각선의 아래쪽
• x가 y보다 작다 ⇨ 대각선의 위쪽

아하 그렇구나!

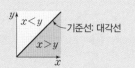

■ 다음은 국어 수행 평가와 영어 수행 평가에서 맞힌 개수를 나타낸 산점도이다. 다음을 구하여라.

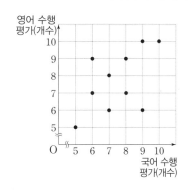

1. 국어 수행 평가를 7개 이상 맞힌 학생 수

   Help 국어 수행 평가 7에서 세로로 선을 그어서 세로선의 오른쪽에 있는 점이다. 이때 7개 이상이므로 선 위의 점도 포함된다.

2. 영어 수행 평가를 8개 이하 맞힌 학생 수

   Help 영어 수행 평가 8에서 가로로 선을 긋는다.

3. 국어 수행 평가와 영어 수행 평가를 맞힌 개수가 같은 학생 수

4. 국어 수행 평가를 맞힌 개수보다 영어 수행 평가를 맞힌 개수가 많은 학생의 비율(%)

   Help 대각선을 그어서 대각선의 위쪽 부분의 점의 개수를 센다.

■ 다음은 어느 도시의 겨울철 10일 동안의 하루 평균 온도와 난방비를 나타낸 산점도이다. 다음을 구하여라.

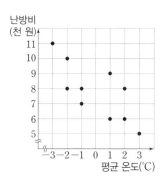

5. 평균 온도가 영하인 날 수

6. 난방비가 가장 많은 날과 가장 적은 날의 난방비의 차이

7. 난방비의 평균

8. 난방비가 10000원 이상인 날의 비율(%)

• 양의 상관관계 ⇨ 한 변량이 증가하면 다른 변량도 대체로 증가한다.
• 음의 상관관계 ⇨ 한 변량이 증가하면 다른 변량은 대체로 감소한다.

이 정도는 암기해야 해 암암! ⚙

■ 다음 보기의 산점도로 나타나는 두 변량 x, y에 대하여 다음을 구하여라.

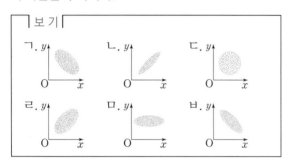

1. 양의 상관관계가 있는 것

2. 음의 상관관계가 있는 것

3. 상관관계가 없는 것

4. 가장 강한 양의 상관관계가 있는 것

5. x의 값이 증가함에 따라 y의 값이 감소하는 경향이 가장 뚜렷한 것
   Help 가장 강한 음의 상관관계가 있는 것을 찾는다.

■ 다음 두 변량 사이에 양의 상관관계가 있으면 '양', 음의 상관관계가 있으면 '음', 상관관계가 없으면 '없다'를 써라.

6. 키와 지능지수

7. 해발 고도와 기온

8. 몸무게와 키

9. 차량 대수와 미세먼지 농도

10. 일정 월급에서 소비와 저축

11. 시력과 몸무게

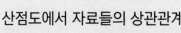 **D** 산점도에서 자료들의 상관관계

■ 다음 그림은 어느 학급 학생 A, B, C, D, E의 앉은 키와 키를 조사하여 나타낸 산점도이다. 다음 물음에 답하여라.

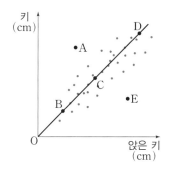

1. 앉은 키와 키 사이의 상관관계

2. 앉은 키가 가장 작은 학생

3. 학생 A, B, C, D, E 중 키에 비해 앉은 키가 가장 작은 학생

4. 앉은 키가 가장 큰 학생

5. 학생 A, B, C, D, E 중 키에 비해 앉은 키가 가장 큰 학생

■ 다음 그림은 어느 중학교 학생들의 수학 학습 시간과 수학 성적을 조사하여 나타낸 산점도이다. 다음 중 옳은 것은 ○를, 옳지 않은 것은 ×를 하여라.

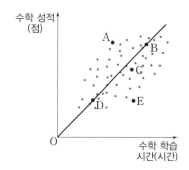

6. 수학 학습 시간이 긴 학생이 대체로 수학 점수도 높은 편이다.

_____

7. A는 수학 학습 시간이 짧은 편인데 수학 점수가 높다.

_____

8. E는 수학 학습 시간이 짧은 편인데 수학 점수가 높다.

_____

9. B는 수학 학습 시간도 많고 수학 점수도 높다.

_____

10. A는 B에 비하여 수학 학습 시간이 많은데 수학 점수는 낮다.

_____

[1~2] 산점도

1. 오른쪽 그림은 재아네 반 학생 10명 중 중간고사와 기말고사의 국어 성적을 조사한 산점도이다. 중간고사와 기말고사 성적이 모두 80점 이상인 학생은 전체의 몇 %인지 구하여라.

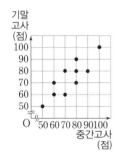

2. 오른쪽 그림은 정인이네 반 학생 12명의 3월과 4월에 매점에 간 횟수를 조사한 산점도이다. 다음 중 옳은 것을 모두 고르면?(정답 2개)

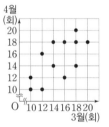

① 3월에 매점을 16번 간 학생은 3명이다.

② 3월보다 4월에 매점을 많이 간 학생은 4명이다.

③ 3월, 4월에 매점에 간 횟수가 같은 학생은 3명이다.

④ 4월에 매점을 18번 간 학생은 4명이다.

⑤ 3월, 4월 모두 18번 이상 매점에 간 학생은 5명이다.

[3~5] 상관관계

3. 다음 두 변량에 대한 산점도를 그렸을 때, 오른쪽 그림과 같은 모양이 되는 것은?

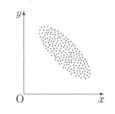

① 물건의 할인율과 판매량
② 통학 거리와 통학 시간
③ 도시 인구와 교통량
④ 차량 대수와 미세 먼지
⑤ 용돈에서 소비와 저축

4. 다음 중 두 변량 사이의 상관관계가 나머지 넷과 다른 하나는?

① 학습 시간과 성적
② 몸무게와 허리 둘레
③ 가족 수와 음식 소비량
④ 아파트 평수와 전기 사용량
⑤ 쌀의 생산량과 쌀 값

5. 오른쪽 그림은 승호네 반 학생들의 수학 성적과 과학 성적을 조사하여 나타낸 산점도이다. A, B, C, D, E 5명의 학생 중 두 점수의 차가 가장 큰 학생을 구하여라.

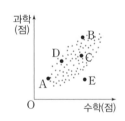

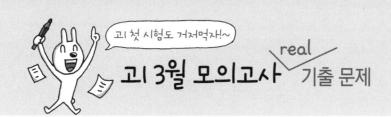

| 2018년 기출 |

1. 어느 농장에서 나온 달걀 10개의 무게가 다음과 같다.

(단위: g)

45	48	49	47	43
43	42	43	41	45

이 자료의 최빈값은? [3점]

① 41g ② 43g ③ 45g

④ 47g ⑤ 49g

| 2019년 기출 |

2. 어느 학교에 6개의 자율 동아리가 있다. 각 자율 동아리의 회원의 수를 모두 나열한 자료가 다음 조건을 만족시킨다.

> (가) 가장 작은 수는 8이고 가장 큰 수는 13이다.
> (나) 중앙값은 10이고 최빈값은 9이다.

이 자료의 평균을 m이라 할 때, $12m$의 값을 구하시오. [4점]

| 2016년 기출 |

3. 다음은 야구 선수 20명이 1년 동안 친 홈런의 개수를 줄기와 잎 그림으로 나타낸 것이다. 이 선수 20명이 1년 동안 친 홈런의 개수의 평균이 13.5일 때, a의 값은? [3점]

(0 | 1은 1개)

줄기	잎
0	1 1 2 2 3 4 5 9
1	0 1 1 a 7 8
2	a 6 8 8 8
3	a

① 1 ② 2 ③ 3

④ 4 ⑤ 5

| 2019년 기출 |

4. 다음은 어떤 자료의 편차를 나타낸 것이다.

$$1, -1, -5, a, a+1$$

이 자료의 분산은? (단, a는 상수이다.) [3점]

① 7 ② 8 ③ 9

④ 10 ⑤ 11

| 2015년 기출 |

5. 5개의 자연수로 이루어진 자료가 다음 조건을 만족시킨다.

> (가) 가장 작은 수는 7이고 가장 큰 수는 14이다.
> (나) 평균이 10이고 최빈값은 8이다.

이 자료의 분산을 d라 할 때, $20d$의 값을 구하시오.

[4점]

| 2016년 기출 |

6. 한 개의 주사위를 9번 던져 나온 눈의 수를 모두 나열한 자료를 분석한 결과가 다음과 같다.

> (가) 주사위의 모든 눈이 적어도 한 번씩 나왔다.
> (나) 최빈값은 6뿐이고, 중앙값과 평균은 모두 4이다.

이 자료의 분산을 V라 할 때, $81V$의 값을 구하시오.

[4점]

| 2012년 기출 |

7. 표는 수학시간에 협력학습을 위해 25명을 A, B, C, D, E모둠으로 나눈 학생들의 수학 점수를 나타낸 것이다.

모둠 명	수학 점수
A	50, 60, 70, 80, 90
B	45, 55, 70, 85, 95
C	60, 65, 70, 75, 80
D	60, 60, 70, 80, 80
E	65, 65, 70, 75, 75

수학 점수의 표준편차가 가장 작은 모둠은? [3점]

① A　　② B　　③ C　　④ D　　⑤ E

| 2009년 기출 |

8. 그림은 어느 해에 개봉한 영화의 제작비를 x억 원, 관객 수를 y만 명이라 하고, 이들의 순서쌍 (x, y)를 좌표로 하는 점을 좌표평면에 나타낸 상관도이다. 점 A, B, C는 그 해 3월에 개봉한 영화를 나타낸다. 옳은 것만을 〈보기〉에서 있는 대로 고른 것은? [4점]

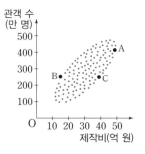

> 보 기
> ㄱ. 영화 A는 영화 C보다 관객 수가 많다.
> ㄴ. 제작비와 관객 수 사이에는 양의 상관관계가 있다.
> ㄷ. 영화 A, B, C 중에서 $\dfrac{(관객 수)}{(제작비)}$의 값이 가장 큰 영화는 B이다.

① ㄱ　　　② ㄴ　　　③ ㄱ, ㄴ
④ ㄴ, ㄷ　　⑤ ㄱ, ㄴ, ㄷ

중학 3개년 연산, 도형 공식

고1 3월 모의고사 보기 전,
적어도 한 번은 보고 가세요!

예비 고1 여러분, 고등학교에 들어가면 가장 공식적인 첫 시험이 3월에 보는 모의고사예요. 물론 내신에 들어가지도 않고 필요 없는 시험이라고 생각할 수도 있겠지만 고1 3월 모의고사를 같이 보는 친구들이 수능도 같이 보게 되는 친구들이에요. 미리 겨뤄 봐서 내 위치를 알아보는 것도 좋을 것 같아요.

그런데 이 시험이 쉽지 않아요. 특히 뒷부분 4점짜리 도형 문제는 공부하지 않고 기본 실력만으로 풀기 어려운 문제들이에요. 이 문제들을 맞히려면 따로 공부가 필요하겠지만 '적어도 그~ 그~ 공식이 뭐였더라... 공식만 생각나면 풀겠는데.'라고 생각하는 문제는 뒤의 공식들만 복습해도 풀 수 있어요.

선생님이 지난 10년 동안 출제된 고1 3월 모의고사를 분석해서 중학 3개년 공식을 모아 놓았어요. 미리 한번 보면 좋고 적어도 시험 보기 직전이라도 보면 문제가 훨씬 잘 풀릴 거예요. 오랫동안 안 보면 잘 풀리던 이차방정식의 근의 공식조차 헷갈리니까요.
여러분의 고등학교 첫 모의고사를 기분 좋게 잘 보기를 바랄게요.

－ 바빠 중학 수학 시리즈 저자 임미연

● **소인수분해**

자연수를 소인수만의 곱으로 나타내는 것을 소인수분해한다고 한다.

예 20을 소인수분해해 보면

$$20 \begin{cases} 2 \\ 10 \begin{cases} 2 \\ 5 \end{cases} \end{cases}$$
또는
$$\begin{array}{r} 2) \underline{20} \\ 2) \underline{10} \\ 5 \end{array}$$

∴ $20 = 2^2 \times 5$

● **소인수분해를 이용하여 최대공약수 구하기**

① 각 수를 소인수분해한다.

② 두 수의 공통인 소인수를 찾아 쓰고, 모두 곱한다.

③ 공통의 소인수의 지수를 쓰되, 지수가 같으면 그대로, 다르면 작은 것을 선택하여 곱한다.

예 $12 = 2^2 \times 3$, $30 = 2 \times 3 \times 5$

∴ (최대공약수) $= 2 \times 3$

● **소인수분해를 이용하여 최소공배수 구하기**

① 각 수를 소인수분해한다.

② 모든 종류의 소인수를 모두 곱한다.

③ 소인수의 지수는 같으면 그대로, 다르면 큰 것을 선택하여 곱한다.

예 $28 = 2^2 \times 7$, $18 = 2 \times 3^2$

(최소공배수) $= 2^2 \times 3^2 \times 7$

● **일차방정식의 활용**

① 연속하는 자연수에 대한 문제

• 연속하는 세 자연수

⇨ $x, x+1, x+2$ 또는 $x-2, x-1, x$

또는 $x-1, x, x+1$

• 연속하는 세 홀수 또는 세 짝수

⇨ $x, x+2, x+4$ 또는 $x-4, x-2, x$

또는 $x-2, x, x+2$

예 연속하는 세 짝수의 합이 30일 때, 세 자연수 중 가장 작은 수를 구해 보자. 가장 작은 수를 x라 하면 $x+(x+2)+(x+4) = 3x+6$이므로 $3x+6 = 30$

∴ $x = 8$

② 자릿수에 대한 문제

십의 자리의 숫자가 x, 일의 자리의 숫자가 y인 두 자리의 자연수 ⇨ $10 \times x + 1 \times y = 10x + y$

이 수의 십의 자리와 일의 자리 숫자를 바꾼 수

⇨ $10 \times y + 1 \times x = 10y + x$

예 일의 자리의 숫자가 6인 두 자리의 자연수가 있다. 이 자연수의 십의 자리의 숫자와 일의 자리의 숫자를 바꾼 수는 처음 수보다 18만큼 작을 때, 처음 수를 구해 보자.

십의 자리의 숫자를 x로 놓으면 일의 자리의 숫자가 6이므로 처음 수는 $10x+6$이고 바꾼 수는 $60+x$

$60+x = 10x+6-18$, $x = 8$이므로 처음 수는 86

③ 일에 대한 문제

어떤 일을 혼자서 완성하는 데 n일이 걸린다.

⇨ 전체 일의 양을 1이라 하면 하루에 하는 일의 양은 $\dfrac{1}{n}$이다.

예 어떤 일을 완성하는 데 규호는 10시간, 지윤이는 5시간이 걸린다고 한다. 둘이 함께 일을 하면 몇 시간이 걸리는지 구해 보자.

전체 일의 양을 1이라 하고 둘이 함께 하면 x시간 걸린다고 하면 규호는 1시간에 $\dfrac{1}{10}$, 지윤이는 $\dfrac{1}{5}$을 하므로

$\dfrac{x}{10} + \dfrac{x}{5} = 1$, $x + 2x = 10$, $3x = 10$, $x = \dfrac{10}{3}$(시간)

④ 거리, 속력, 시간에 대한 문제

① (시간) $= \dfrac{(거리)}{(속력)}$ ② (속력) $= \dfrac{(거리)}{(시간)}$

③ (거리) $=$ (속력) $\times$ (시간)

예 두 지점 A, B 사이를 왕복하는데 갈 때는 시속 4 km, 올 때는 시속 6 km로 걸었더니 모두 5시간이 걸렸을 때, 두 지점 A, B 사이의 거리를 구해 보자.

(갈 때 걸린 시간) $+$ (올 때 걸린 시간)

$=$ (전체 걸린 시간)이므로

$\dfrac{x}{4} + \dfrac{x}{6} = 5$, $3x + 2x = 60$, $5x = 60$

∴ $x = 12$(km)

● **정비례 관계식**

y가 x에 정비례할 때, x와 y 사이의 관계식은

$y=ax\,(a\neq0)\Rightarrow \dfrac{y}{x}=a\,($일정$)$

　　y가 x에 정비례하고, $x=2$이고 $y=-8$일 때 정비례식 $y=ax$에 대입하면 $a=-4$이므로 $y=-4x$

● **정비례 관계 $y=ax\,(a\neq0)$의 그래프의 성질**

	$a>0$	$a<0$
그래프		
지나는 사분면	원점, 제1사분면과 제3사분면	원점, 제2사분면과 제4사분면

● **반비례 관계식**

y가 x에 반비례할 때, x와 y 사이의 관계식은

$y=\dfrac{a}{x}\,(a\neq0)\Rightarrow xy=a\,($일정$)$

　　y가 x에 반비례하고, $x=3$이고 $y=-2$일 때 반비례식 $y=\dfrac{a}{x}$에 대입하면 $a=-6$이므로 $y=-\dfrac{6}{x}$

● **반비례 관계 $y=\dfrac{a}{x}\,(a\neq0)$의 그래프의 성질**

	$a>0$	$a<0$
그래프		
지나는 사분면	제1사분면과 제3사분면	제2사분면과 제4사분면

● **순환소수**

① 순환소수

무한소수 중에서 소수점 아래의 어떤 자리에서부터 일정한 숫자의 배열이 한없이 되풀이되는 소수

② 순환마디

순환소수의 소수점 아래에서 일정한 숫자의 배열이 한없이 되풀이되는 한 부분

③ 순환소수의 표현

순환마디의 양 끝의 숫자 위에 점을 찍는다.

순환소수	순환마디	순환소수의 표현
$0.555\cdots$	5	$0.\dot{5}$
$-2.7414141\cdots$	41	$-2.7\dot{4}\dot{1}$
$6.178178178\cdots$	178	$6.\dot{1}7\dot{8}$

● **유한소수로 나타낼 수 있는 분수**

유한소수는 분모가 10의 거듭제곱의 꼴인 분수로 나타낼 수 있고, 유한소수를 기약분수로 나타낸 후 분모를 소인수분해하면 소인수는 2나 5뿐이다.

　　$0.3=\dfrac{3}{10}=\dfrac{3}{2\times5}\Rightarrow$ 분모의 소인수는 2와 5

　　$1.48=\dfrac{148}{100}=\dfrac{37}{25}=\dfrac{37}{5^2}\Rightarrow$ 분모의 소인수는 5

　　$0.875=\dfrac{875}{1000}=\dfrac{7}{8}=\dfrac{7}{2^3}\Rightarrow$ 분모의 소인수는 2

● **순환소수를 분수로 나타내기**

① 분모: 순환마디의 숫자의 개수만큼 9를 쓰고, 그 뒤에 소수점 아래 순환마디에 포함되지 않는 숫자의 개수만큼 0을 쓴다.

② 분자: (전체의 수) $-$ (순환하지 않는 부분의 수)

• 소수점 아래 바로 순환마디가 오지 않는 경우

- 소수점 아래 바로 순환마디가 오는 경우

● **일차부등식의 풀이**

① 미지수를 포함한 항은 좌변으로, 상수항은 우변으로 이항한다.

② $ax > b$, $ax < b$, $ax \geq b$, $ax \leq b(a \neq 0)$의 꼴로 고친다.

- 양변을 x의 계수 a로 나눈다. 이때 a가 음수이면 부등호의 방향이 바뀐다.

예 $3x+4 > 5x+10$, $3x-5x > 10-4$, $-2x > 6$
  $\therefore x < -3$

● **연립방정식의 풀이 — 가감법**

① 두 미지수 중 어느 것을 소거할 것인지 정한다.

② 소거할 미지수의 계수의 절댓값이 같아지도록 각 방정식의 양변에 적당한 수를 곱한다.

③ 소거할 미지수의

- 계수의 부호가 같으면 두 방정식을 변끼리 뺀다.
- 계수의 부호가 다르면 두 방정식을 변끼리 더한다.

④ ③에서 구한 해를 두 방정식 중 간단한 식에 대입하여 다른 미지수의 값을 구한다.

예 연립방정식

$\begin{cases} 3x-2y=4 \cdots \text{㉠} \\ 2x-3y=1 \cdots \text{㉡} \end{cases}$ $\xrightarrow[\text{㉡}\times 3]{\text{㉠}\times 2}$ $\begin{cases} 6x-4y=8 \\ 6x-9y=3 \end{cases}$

㉠×2-㉡×3을 하면 $5y=5$ $\therefore y=1$
$y=1$을 ㉠에 대입하면 $x=2$
따라서 연립방정식의 해는 $x=2$, $y=1$

● **연립방정식의 풀이 — 대입법**

① 두 미지수 중 어느 것을 소거할 것인지 정한다.

② 두 방정식 중 한 방정식을 '$x=(y$의 식$)$' 또는 '$y=(x$의 식$)$'의 꼴이 되게 한다.

③ ②의 식을 다른 방정식에 대입하여 해를 구한다.

예 연립방정식 $\begin{cases} x+y=5 & \cdots \text{㉠} \\ 3x-y=3 & \cdots \text{㉡} \end{cases}$ 에서

㉠을 $y=(x$의 식$)$으로 나타내면 $y=5-x \cdots \text{㉢}$
㉢을 ㉡에 대입하면 $3x-(5-x)=3$ $\therefore x=2$
$x=2$를 ㉢에 대입하면 $y=3$
따라서 연립방정식의 해는 $x=2$, $y=3$

● **일차함수의 함숫값**

함수 $y=f(x)$에 대하여 $x=a$에서의 y의 값을 함숫값이라 하고, $f(a)$로 나타낸다.

예 일차함수 $f(x)=2x+3$에서
  $x=2$일 때의 함숫값은 x대신 2를 대입한다.
  $\Rightarrow f(2)=2\times 2+3=7$

● **일차함수의 그래프의 기울기, x절편, y절편**

① 일차함수 $y=ax+b$에서 a를 일차함수 $y=ax+b$의 그래프의 기울기라고 한다.

$$(\text{기울기})=\frac{(y\text{의 값의 증가량})}{(x\text{의 값의 증가량})}=a$$

예 두 점 $(-2, -4)$, $(-5, 8)$을 지나는 일차함수의 그래프에서 기울기는
  $$\frac{8-(-4)}{-5-(-2)}=\frac{12}{-3}=-4$$

② x절편: 일차함수의 그래프가 x축과 만나는 점의 x좌표 $\Rightarrow y=0$일 때의 x의 값

③ y절편: 일차함수의 그래프가 y축과 만나는 점의 y좌표 $\Rightarrow x=0$일 때의 y의 값

예 $y=-4x+8$의 그래프의 x절편과 y절편은
  x절편은 $y=0$일 때의 값이므로 $-4x+8=0$에서
  $x=2$
  y절편은 $x=0$일 때의 값이므로 $-4\times 0+8=y$에서
  $y=8$

● 일차함수의 식 구하기

① 기울기가 a이고, y절편이 b인 직선을 그래프로 하는 일차함수의 식은 $y=ax+b$이다.

② 기울기가 a이고 한 점 (x_1, y_1)을 지나는 직선을 그래프로 하는 일차함수의 식은
기울기가 a이므로 $y=ax+b$로 놓고 $x=x_1$, $y=y_1$을 대입하여 b의 값을 구한다.

③ 서로 다른 두 점 (x_1, y_1), (x_2, y_2)를 지나는 직선을 그래프로 하는 일차함수의 식은
• 두 점을 지나는 기울기 a를 구한다.
$$\Rightarrow a=\frac{y_2-y_1}{x_2-x_1}=\frac{y_1-y_2}{x_1-x_2}$$
• $y=ax+b$로 놓고, 두 점 중 계산이 쉬운 한 점의 좌표를 대입하여 b의 값을 구한다.

📝 두 점 $(2, 5)$, $(4, 11)$을 지나는 직선을 그래프로 하는 일차함수의 식은 직선의 기울기가 $\frac{11-5}{4-2}=3$이므로 구하는 식을 $y=3x+b$로 놓고 점 $(2, 5)$를 지나므로 $x=2$, $y=5$를 대입하면 $5=3\times2+b$
$\therefore b=-1$
따라서 구하는 일차함수의 식은 $y=3x-1$

● $\sqrt{a}$가 자연수가 되는 조건

① $\sqrt{A\times x}$꼴을 자연수로 만들기(단, A는 자연수)

📝 $\sqrt{28\times x}$를 자연수로 만들기 위한 가장 작은 자연수 x를 구하기 위해 28을 소인수분해하면 $28=2^2\times7$
따라서 x가 $7\times$(제곱수)이면 $28\times x$를 소인수분해한 지수가 짝수가 되어 $\sqrt{28\times x}$가 자연수가 된다. 이 중 가장 작은 x의 값은 7이다.

② $\sqrt{\dfrac{A}{x}}$꼴을 자연수로 만들기(단, A는 자연수)

📝 $\sqrt{\dfrac{12}{x}}$를 자연수로 만들기 위한 가장 작은 자연수 x를 구하기 위해 12를 소인수분해하면 $12=2^2\times3$
따라서 x가 12보다 작거나 같은 $3\times$(제곱수)이면 $\dfrac{12}{x}$를 소인수분해한 지수가 짝수가 되어 $\sqrt{\dfrac{12}{x}}$가 자연수가 된다. 이 중 가장 작은 x의 값은 3이다.

● $\sqrt{a^2}$의 성질

① $a\geq0$일 때, $\sqrt{a^2}=a$

② $a<0$일 때, $\sqrt{a^2}=-a$

● $\sqrt{(a-b)^2}$의 성질

① $a\geq b$일 때, $\sqrt{(a-b)^2}=a-b$

② $a<b$일 때, $\sqrt{(a-b)^2}=-(a-b)=-a+b$

📝 $a>2$일 때, $\sqrt{(a-2)^2}=a-2$
　　$a-2$는 양수이므로 $a-2$로 그대로 나온다.
$a<2$일 때, $\sqrt{(a-2)^2}=-a+2$
　　$a-2$는 음수이므로 부호가 바뀌어 나온다.

● 곱셈 공식

① $(a+b)^2=a^2+2ab+b^2$
📝 $(x+1)^2=x^2+2x+1$

② $(a-b)^2=a^2-2ab+b^2$
📝 $(x-2)^2=x^2-4x+4$

③ $(a+b)(a-b)=a^2-b^2$
📝 $(2x+3)(2x-3)=(2x)^2-3^2=4x^2-9$

④ $(x+a)(x+b)=x^2+(a+b)x+ab$
📝 $(x+3)(x-2)=x^2+(3-2)x+3\times(-2)$
　　　　　　　　$=x^2+x-6$

⑤ $(ax+b)(cx+d)=acx^2+(ad+bc)x+bd$
📝 $(2x+1)(3x+4)$
　　$=(2\times3)x^2+(2\times4+1\times3)x+1\times4$
　　$=6x^2+11x+4$

● 곱셈 공식을 이용한 분모의 유리화

분모가 2개 항으로 되어 있는 무리수일 때 곱셈 공식 $(a+b)(a-b)=a^2-b^2$을 이용하여 분모를 유리화한다.

$a>0$, $b>0$일 때,
$$\frac{c}{\sqrt{a}+\sqrt{b}}=\frac{c(\sqrt{a}-\sqrt{b})}{(\sqrt{a}+\sqrt{b})(\sqrt{a}-\sqrt{b})}=\frac{c\sqrt{a}-c\sqrt{b}}{a-b}$$

📝 $\dfrac{4}{\sqrt{3}-\sqrt{2}}=\dfrac{4(\sqrt{3}+\sqrt{2})}{(\sqrt{3}-\sqrt{2})(\sqrt{3}+\sqrt{2})}$
　　　　　　$=\dfrac{4\sqrt{3}+4\sqrt{2}}{3-2}=4\sqrt{3}+4\sqrt{2}$

● 곱셈 공식의 변형

① $a^2+b^2=(a+b)^2-2ab$

　📘 $a+b=3$, $ab=2$일 때,
　　$a^2+b^2=(a+b)^2-2ab=5$

② $a^2+b^2=(a-b)^2+2ab$

　📘 $a-b=3$, $ab=2$일 때,
　　$a^2+b^2=(a-b)^2+2ab=13$

③ $(a+b)^2=(a-b)^2+4ab$

　📘 $a-b=4$, $ab=3$일 때,
　　$(a+b)^2=(a-b)^2+4ab=28$

④ $(a-b)^2=(a+b)^2-4ab$

　📘 $a+b=5$, $ab=3$일 때,
　　$(a-b)^2=(a+b)^2-4ab=13$

⑤ $a^2+\dfrac{1}{a^2}=\left(a+\dfrac{1}{a}\right)^2-2$

　📘 $a+\dfrac{1}{a}=3$일 때,
　　$a^2+\dfrac{1}{a^2}=\left(a+\dfrac{1}{a}\right)^2-2=3^2-2=7$

⑥ $a^2+\dfrac{1}{a^2}=\left(a-\dfrac{1}{a}\right)^2+2$

　📘 $a-\dfrac{1}{a}=2$일 때,
　　$a^2+\dfrac{1}{a^2}=\left(a-\dfrac{1}{a}\right)^2+2=2^2+2=6$

● 인수분해 공식

① $ma+mb=m(a+b)$

　📘 $xy+5x=x(y+5)$

② $a^2+2ab+b^2=(a+b)^2$,
　$a^2-2ab+b^2=(a-b)^2$

　📘 $x^2+6xy+9y^2=(x+3y)^2$

③ $a^2-b^2=(a+b)(a-b)$

　📘 $9x^2-16y^2=(3x)^2-(4y)^2$
　　　　　　$=(3x+4y)(3x-4y)$

④ $x^2+(a+b)x+ab=(x+a)(x+b)$

　📘 $x^2-3x-10=(x+2)(x-5)$

⑤ $acx^2+(ad+bc)x+bd=(ax+b)(cx+d)$

　📘 $6x^2-5x-4=(2x+1)(3x-4)$

● 공통 부분을 치환하여 인수분해

① 공통 부분 또는 식의 일부를 한 문자로 치환한다.

② 인수분해 공식을 이용하여 인수분해한다.

③ 치환한 문자 대신 원래의 식을 대입하여 정리한다.

　📘 $(x+y)^2+8(x+y)+7=A^2+8A+7$
　　　　　　　　　　　　$=(A+1)(A+7)$
　　　　　　　　　　　　$=(x+y+1)(x+y+7)$

● 여러 가지 인수분해

① 항이 4개일 때 인수분해 – (2항)＋(2항)

　공통인 인수가 생기도록 (2항)＋(2항)으로 묶은 후 인수분해한다.

　📘 $6xy-2x-3y+1=2x(3y-1)-(3y-1)$
　　　　　　　　　　$=(3y-1)(2x-1)$

② 항이 4개일 때 인수분해 – (3항)＋(1항)

　(3항)＋(1항)으로 묶어 A^2-B^2의 꼴로 변형한 후 인수분해한다.

　3항으로 묶을 때는 완전제곱식이 되도록 묶는다.

　📘 $a^2+2ab-9+b^2=(a^2+2ab+b^2)-9$
　　　　　　　　　　$=(a+b)^2-3^2$
　　　　　　　　　　$=(a+b+3)(a+b-3)$

● 인수분해를 이용한 이차방정식의 풀이

이차방정식을 인수분해를 이용하여 (일차식)×(일차식)＝0의 꼴로 나타낼 수 있을 때, $AB=0$이면 $A=0$ 또는 $B=0$임을 이용하여 이차방정식의 해를 구할 수 있다.

　📘 $x^2+2x-8=0$, $(x+4)(x-2)=0$
　　$x+4=0$ 또는 $x-2=0$　　∴ $x=-4$ 또는 $x=2$

● 이차방정식의 중근

이차방정식의 두 근이 중복되어 서로 같을 때, 이 근을 이차방정식의 중근이라 한다.

　📘 $(x+1)^2=0 \Rightarrow x=-1$ (중근)

● 이차방정식이 중근을 가질 조건

이차방정식 $x^2+ax+b=0$이 중근을 가지려면 완전제곱식이 되어야 하므로 $b=\left(\dfrac{a}{2}\right)^2$이어야 한다.

📘 이차방정식 $x^2-6x+k=0$이 중근을 가지려면 $k=\left(\dfrac{-6}{2}\right)^2=9$이어야 한다.

● 제곱근을 이용한 이차방정식의 풀이

이차방정식 $x^2=q$, $(x-p)^2=q$의 해는 제곱근을 이용하여 구할 수 있다. (단, $q\geq0$)

① $x^2=q$의 해 ⇨ x는 q의 제곱근이므로 $x=\pm\sqrt{q}$

② $(x-p)^2=q$의 해 ⇨ $x-p$는 q의 제곱근이므로 $x-p=\pm\sqrt{q}$ ∴ $x=p\pm\sqrt{q}$

📘 $(x-2)^2=64$, $x-2=\pm8$ ∴ $x=10$ 또는 $x=-6$

● 이차방정식의 근의 공식

x에 대한 이차방정식 $ax^2+bx+c=0$ $(a\neq0)$의 해는 $x=\dfrac{-b\pm\sqrt{b^2-4ac}}{2a}$ (단, $b^2-4ac\geq0$)

📘 $3x^2+5x+1=0$을 근의 공식으로 풀어 보자.
근의 공식에 $a=3$, $b=5$, $c=1$을 대입하면
$x=\dfrac{-5\pm\sqrt{5^2-4\times3\times1}}{2\times3}=\dfrac{-5\pm\sqrt{13}}{6}$

● 이차함수 $y=ax^2$의 그래프

① 꼭짓점의 좌표: 원점 $(0,0)$

② 축의 방정식: $x=0(y$축$)$

③ $a>0$이면 아래로 볼록하고, $a<0$이면 위로 볼록하다.

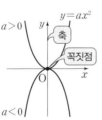

● 이차함수 $y=ax^2+q(a\neq0)$의 그래프

① 이차함수 $y=ax^2$의 그래프를 y축의 방향으로 q만큼 평행이동

② 꼭짓점의 좌표: $(0,\ q)$

③ 축의 방정식: $x=0(y$축$)$

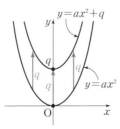

📘 $y=x^2-2$의 그래프의 꼭짓점의 좌표는 $(0,-2)$, 축의 방정식은 $x=0$

● 이차함수 $y=a(x-p)^2 (a\neq0)$의 그래프

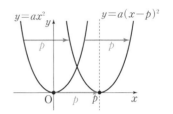

① 이차함수 $y=ax^2$의 그래프를 x축의 방향으로 p만큼 평행이동

② 꼭짓점의 좌표: $(p,0)$

③ 축의 방정식: $x=p$

📘 $y=(x-3)^2$의 그래프의 꼭짓점의 좌표는 $(3,0)$, 축의 방정식은 $x=3$

● 이차함수 $y=a(x-p)^2+q(a\neq0)$의 그래프

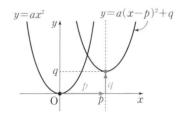

① 이차함수 $y=ax^2$의 그래프를 x축의 방향으로 p만큼, y축의 방향으로 q만큼 평행이동

② 꼭짓점의 좌표: (p,q)

③ 축의 방정식: $x=p$

📘 $y=(x-4)^2+2$의 그래프의 꼭짓점의 좌표는 $(4,2)$, 축의 방정식은 $x=4$

● 이차함수 $y=ax^2+bx+c$의 그래프

$y=a(x-p)^2+q$의 꼴로 고친 후 꼭짓점의 좌표, 축의 방정식, y축과의 교점의 좌표를 구한다.

📘 $y=2x^2-4x+1=2(x^2-2x)+1$
$=2(x^2-2x+1-1)+1=2(x-1)^2-2+1$
$=2(x-1)^2-1$
⇨ 꼭짓점의 좌표: $(1,-1)$, 축의 방정식: $x=1$

● 삼각형의 합동 조건

① 세 대응변의 길이
가 각각 같을 때
$\overline{AB}=\overline{DE}$,
$\overline{BC}=\overline{EF}$, $\overline{CA}=\overline{FD}$
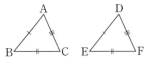
⇨ △ABC≡△DEF(SSS 합동)

② 두 대응변의 길이
가 각각 같고, 그
끼인 각의 크기가
같을 때
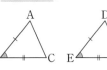
$\overline{AB}=\overline{DE}$, $\overline{BC}=\overline{EF}$, ∠ABC=∠DEF
⇨ △ABC≡△DEF (SAS합동)

③ 한 대응변의 길이
가 같고, 그 양 끝
각의 크기가 각각
같을 때
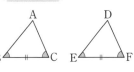
$\overline{BC}=\overline{EF}$, ∠ABC=∠DEF,
∠ACB=∠DFE
⇨ △ABC≡△DEF (ASA합동)

● 다각형

① n각형의 대각선의 개수 ⇨ $\dfrac{n(n-3)}{2}$개

② n각형의 내각의 크기의 합 ⇨ $180°×(n-2)$

③ n각형의 외각의 크기의 합 ⇨ $360°$

● 원의 둘레의 길이와 넓이

반지름의 길이가 r인 원의 둘레
의 길이를 l, 넓이를 S라 하면
$l=2\pi r$, $S=\pi r^2$

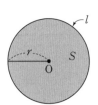

● 부채꼴의 호의 길이와 넓이

반지름의 길이가 r, 중심각의
크기가 $x°$인 부채꼴의 호의 길
이를 l, 넓이를 S라 하면

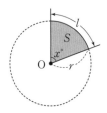

① $l=2\pi r×\dfrac{x}{360}$

② $S=\pi r^2×\dfrac{x}{360}$, $S=\dfrac{1}{2}rl$

▣ 예 반지름의 길이가 6, 중심각의 크기가 60°인
부채꼴의 호의 길이는 $2\pi×6×\dfrac{60}{360}=2\pi$

부채꼴의 넓이는 $\pi×6^2×\dfrac{60}{360}=6\pi$

● 회전체

① 평면도형을 한 직선 l을 축
으로 하여 1회전시킬 때 생
기는 입체도형을 회전체라
한다.
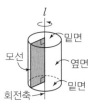

② 회전체를 회전축에 수직인 평면
으로 자른 단면의 경계는 항상 원
이다.

③ 회전체를 회전축을 포함하는 평
면으로 자른 단면은 모두 합동
이고, 회전축에 대하여 선대칭
도형이다.

● 부피(V)

① 각기둥의 부피 ⇨ $V=(밑넓이)×(높이)$

② 원기둥의 부피
밑면의 반지름의 길이가 r, 높이가 h인 원기둥
의 부피 ⇨ $V=(밑넓이)×(높이)=\pi r^2 h$

③ 각뿔의 부피
밑넓이가 S, 높이가 h인 각뿔의 부피
⇨ $V=\dfrac{1}{3}Sh$

④ 원뿔의 부피
밑면의 반지름의 길이가 r, 높이가 h인 원뿔의
부피 ⇨ $V=\dfrac{1}{3}\pi r^2 h$

▣ 예 밑면의 반지름의 길이가 3, 높이가 4인 원뿔의 부
피는 $\dfrac{1}{3}\pi×3^2×4=12\pi$

⑤ 구의 부피

반지름의 길이가 r인 구의 부피 $\Rightarrow V = \dfrac{4}{3}\pi r^3$

예 반지름의 길이가 2인 구의 부피는

$\dfrac{4}{3}\pi \times 2^3 = \dfrac{32}{3}\pi$

● 겉넓이(S)

① 기둥의 겉넓이 $\Rightarrow S = (밑넓이) \times 2 + (옆넓이)$

② 원뿔의 겉넓이

밑면의 반지름의 길이가 r, 모선의 길이가 l인 원뿔의 겉넓이를 S라 하면 $\Rightarrow S = \pi r^2 + \pi r l$

예 밑면의 반지름의 길이가 2이고, 모선의 길이가 4인 원뿔의 겉넓이는 $\pi \times 2^2 + \pi \times 2 \times 4 = 12\pi$

③ 구의 겉넓이 $\Rightarrow S = 4\pi r^2$

예 반지름의 길이가 3인 구의 겉넓이는

$4\pi \times 3^2 = 36\pi$

● 줄기와 잎 그림

세로 선에 의해 줄기와 잎으로 구별하고 이를 이용하여 나타낸 그림이다.

자료가 두 자리의 수일 때, 줄기는 십의 자리 숫자이고 세로 선의 왼쪽에 있는 수이고, 잎은 일의 자리 숫자이고 세로 선의 오른쪽에 있는 수이다.

예 오른쪽 표는 상훈이 블로그 회원의 나이를 나타낸 줄기와 잎의 그림일 때, 잎이 가장 적은 줄기는 3, 나이가 가장 많은 회원은 59세이다.

(3 | 2는 32세)

줄기	잎
3	2 6
4	1 3 5 5 8
5	0 3 9

● 도수분포표

① 계급: 변량을 일정한 간격으로 나눈 구간이다.
  • 계급의 크기: 계급의 양 끝값의 차, 즉 구간의 너비이다.
  • 계급의 개수: 변량을 나눈 구간의 수이다.

• (계급값)$= \dfrac{(계급의 양 끝값의 합)}{2}$

② 도수: 각 계급에 속하는 자료의 수이다.

③ 도수분포표: 주어진 자료를 몇 개의 계급으로 나누고 각 계급의 도수를 조사하여 나타낸 표이다.

예 오른쪽 표는 수인이네 반 학생의 수학 점수를 나타낸 도수분포표일 때

점수(점)	도수(명)
70^{이상} ~ 80^{미만}	3
80 ~ 90	5
90~100	2
합계	10

  • 계급의 크기: 10점
  • 계급의 개수: 3개
  • 80점 이상 90점 미만인 계급의 계급값:
   $\dfrac{80+90}{2}=85(점)$
  • 70점 이상 80점 미만인 계급의 도수: 3명

● 상대도수

전체 도수에 대한 각 계급의 도수의 비율

(어떤 계급의 상대도수)$= \dfrac{(그\ 계급의\ 도수)}{(도수의\ 총합)}$

예 도수의 총합이 20명이고 어떤 계급의 도수가 10명이면 상대도수는 $\dfrac{10}{20}=0.5$

● 상대도수의 분포를 그래프로 나타내는 방법

① 가로축에 각 계급의 양 끝값을 차례로 표시한다.

② 세로축에 상대도수를 차례로 표시한다.

③ 히스토그램이나 도수분포다각형과 같은 모양으로 그린다.

④ (계급의 도수)=(도수의 총합)

$\times$(그 계급의 상대도수)

예 위의 그래프에서 도수의 총합이 100명이면 30세 이상 40세 미만인 계급의 도수는 $100 \times 0.36 = 36(명)$

● 도수의 총합이 다른 두 집단의 분포를 비교

예 〈남학생과 여학생의 수학 성적〉

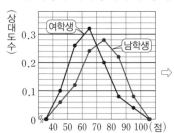

남학생의 그래프가 오른쪽으로 더 치우쳐 있다. 이것은 ⇨ 남학생이 여학생보다 수학 성적이 상대적으로 높다는 것이다.

● 직각삼각형의 합동 조건

① 두 직각삼각형의 빗변의 길이와 한 예각의 크기가 각각 같을 때

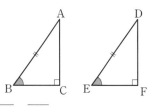

∠C＝∠F＝90°, $\overline{AB}=\overline{DE}$, ∠B＝∠E

⇨ △ABC≡△DEF (RHA 합동)

② 두 직각삼각형의 빗변의 길이와 다른 한 변의 길이가 각각 같을 때

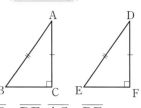

∠C＝∠F＝90°, $\overline{AB}=\overline{DE}$, $\overline{AC}=\overline{DF}$

⇨ △ABC≡△DEF (RHS 합동)

● 삼각형의 외심

① 삼각형의 외심의 성질

• 삼각형의 세 변의 수직이등분선은 한 점 (외심)에서 만난다.

• 외심에서 세 꼭짓점에 이르는 거리는 같다. ⇨ $\overline{OA}=\overline{OB}=\overline{OC}$

② 직각삼각형의 외심은 빗변의 중점이다.

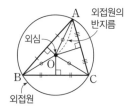

③ ∠BOC＝2∠A

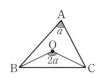

● 삼각형의 내심

① 삼각형의 내심의 성질

• 삼각형의 세 내각의 이등분선은 한 점 (내심)에서 만난다.

• 내심에서 세 변에 이르는 거리는 같다.

⇨ $\overline{ID}=\overline{IE}=\overline{IF}$

② $\angle BIC=90°+\dfrac{1}{2}\angle A$

● 삼각형의 닮음 조건

① 세 쌍의 대응변의 길이의 비가 같다. (SSS 닮음)

⇨ $a:a'=b:b'=c:c'$

② 두 쌍의 대응변의 길이의 비가 같고, 그 끼인 각의 크기가 같다. (SAS 닮음)

⇨ $a:a'=b:b'$, ∠C＝∠C′

③ 두 쌍의 대응각의 크기가 각각 같다. (AA 닮음)

⇨ ∠A＝∠A′, ∠B＝∠B′

● 닮은 삼각형을 이용한 길이 구하기

$c^2=ax$, $b^2=ay$

$h^2=xy$, $ah=bc$

예 $6^2=x\times10$　∴ $x=3.6$

$8^2=y\times10$　∴ $y=6.4$

$10\times h=6\times8$　∴ $h=4.8$

● 평행선 사이의 선분의 길이의 비

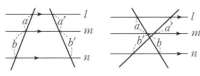

위의 그림에서 $l /\!/ m /\!/ n$일 때,

$a : b = a' : b'$ 또는 $a : a' = b : b'$

📘 $3 : 9 = x : 12$
$\therefore x = 4$

● 삼각형의 두 변의 중점을 연결한 선분의 성질

①

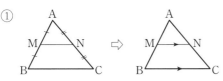

삼각형의 두 변의 중점을 연결한 선분은 나머지 변과 평행하고 그 길이는 나머지 변의 길이의 $\dfrac{1}{2}$이다.

$\overline{AM} = \overline{MB}, \overline{AN} = \overline{NC}$

$\Rightarrow \overline{MN} /\!/ \overline{BC}, \overline{MN} = \dfrac{1}{2}\overline{BC}$

②

삼각형의 한 변의 중점을 지나고 다른 한 변에 평행한 직선은 나머지 변의 중점을 지난다.

$\overline{AM} = \overline{MB}, \overline{MN} /\!/ \overline{BC} \Rightarrow \overline{AN} = \overline{NC}$

● 삼각형의 무게중심

① 삼각형의 세 중선은 한 점에서 만나고, 이 교점을 무게중심이라 한다.

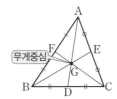
무게중심

② 삼각형의 무게중심은 세 중선의 길이를 꼭짓점으로부터 각각 2 : 1로 나눈다.

$\Rightarrow \overline{AG} : \overline{GD} = \overline{BG} : \overline{GE} = \overline{CG} : \overline{GF} = 2 : 1$

📘 $x : 2 = 2 : 1 \quad \therefore x = 4$
$8 : y = 2 : 1 \quad \therefore y = 4$

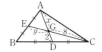

● 닮은 두 평면도형

닮음비가 $m : n$인 두 평면도형에서

① 둘레의 길이의 비는 $m : n$

② 넓이의 비는 $m^2 : n^2$, 부피의 비는 $m^3 : n^3$

📘 닮음비가 $2 : 3$이면 넓이의 비는 $2^2 : 3^2 = 4 : 9$

● 피타고라스 정리

직각삼각형에서 직각을 낀 두 변의 길이를 a, b라 하고, 빗변의 길이를 c라고 하면

$$a^2 + b^2 = c^2$$

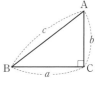

📘 직각을 낀 두 변의 길이가 3, 4이고 빗변의 길이가 x인 직각삼각형에서 $x^2 = 3^2 + 4^2 = 5^2 \quad \therefore x = 5$

● 경우의 수

① 두 사건 A, B가 동시에 일어나지 않을 때, 사건 A가 일어나는 경우의 수가 a가지이고, 사건 B가 일어나는 경우의 수는 b가지이면

(사건 A 또는 사건 B가 일어나는 경우의 수)
$= a + b$ (가지)

📘 미술관에 가는 방법으로 지하철 2가지, 버스 3가지가 있을 때 $\Rightarrow 2 + 3 = 5$ (가지)

② 사건 A가 일어나는 경우의 수가 a가지이고, 사건 B가 일어나는 경우의 수가 b가지이면

(사건 A와 사건 B가 동시에 일어나는 경우의 수)
$= a \times b$ (가지)

📘 동전을 2개 던졌을 때, $2 \times 2 = 4$ (가지)
동전 1개, 주사위를 1개 던졌을 때, $2 \times 6 = 12$ (가지)

● 여러 가지 경우의 수

① 한 줄로 세우는 경우의 수

📘 5명을 일렬로 세우는 경우의 수는
$5 \times 4 \times 3 \times 2 \times 1 = 120$ (가지)
5명 중에서 3명을 뽑아 일렬로 세우는 경우의 수는
$5 \times 4 \times 3 = 60$ (가지)

② 대표를 뽑는 경우의 수

　　예 6명 중 회장과 부회장을 뽑는 경우의 수

　　　$6 \times 5 = 30$ (가지)

　　　6명 중 대표 2명을 뽑는 경우의 수

　　　⇨ $\dfrac{6 \times 5}{2} = 15$ (가지)

③ 자연수의 개수

　• 0이 포함되지 않은 두 자리의 자연수의 개수

　　예 1, 2, 3, 4, 5의 숫자가 각각 적힌 5장의 카드 중에서 2장을 뽑아 만들 수 있는 두 자리의 자연수의 개수 ⇨ $5 \times 4 = 20$ (개)

　• 0이 포함된 세 자리의 자연수의 개수

　　예 0, 1, 2, 3, 4의 숫자가 각각 적힌 5장의 카드 중에서 3장을 뽑아 만들 수 있는 세 자리의 자연수의 개수 ⇨ $4 \times 4 \times 3 = 48$ (개)

● 확률

① 사건 A가 일어날 확률 p는

$$p = \dfrac{(\text{사건 } A\text{가 일어나는 경우의 수})}{(\text{모든 경우의 수})}$$

② 확률의 덧셈

두 사건 A, B가 동시에 일어나지 않을 때, 사건 A가 일어날 확률을 p, 사건 B가 일어날 확률을 q라 하면

(사건 A 또는 사건 B가 일어날 확률)$= p + q$

③ 확률의 곱셈

두 사건 A, B가 서로 영향을 미치지 않을 때, 사건 A가 일어날 확률을 p, 사건 B가 일어날 확률을 q라 하면

(사건 A와 사건 B가 동시에 일어날 확률)$= p \times q$

④ 적어도 하나가 일어날 확률

　예 명중률이 각각 $\dfrac{3}{4}$, $\dfrac{4}{5}$인 두 양궁 선수가 화살을 한 번씩 쏘았을 때, 적어도 한 명은 과녁을 명중시킬 확률은

$1 - (\text{두 선수 모두 과녁에 명중시키지 못할 확률})$

$= 1 - \left(1 - \dfrac{3}{4}\right)\left(1 - \dfrac{4}{5}\right) = 1 - \dfrac{1}{20} = \dfrac{19}{20}$

● 삼각비

$$\sin A = \dfrac{\overline{\mathrm{BC}}}{\overline{\mathrm{AC}}} = \dfrac{a}{b}$$

$$\cos A = \dfrac{\overline{\mathrm{AB}}}{\overline{\mathrm{AC}}} = \dfrac{c}{b}$$

$$\tan A = \dfrac{\overline{\mathrm{BC}}}{\overline{\mathrm{AB}}} = \dfrac{a}{c}$$

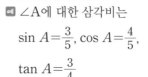

　예 ∠A에 대한 삼각비는

$\sin A = \dfrac{3}{5}$, $\cos A = \dfrac{4}{5}$,

$\tan A = \dfrac{3}{4}$

● 특수각의 삼각비

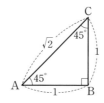 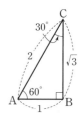

삼각비 ＼ A	30°	45°	60°
$\sin A$	$\dfrac{1}{2}$	$\dfrac{\sqrt{2}}{2}$	$\dfrac{\sqrt{3}}{2}$
$\cos A$	$\dfrac{\sqrt{3}}{2}$	$\dfrac{\sqrt{2}}{2}$	$\dfrac{1}{2}$
$\tan A$	$\dfrac{\sqrt{3}}{3}$	1	$\sqrt{3}$

● 예각의 삼각비의 값

반지름의 길이가 1인 사분원에서 예각 x에 대하여

① $\sin x = \dfrac{\overline{\mathrm{AB}}}{\overline{\mathrm{OA}}} = \dfrac{\overline{\mathrm{AB}}}{1} = \overline{\mathrm{AB}}$

② $\cos x = \dfrac{\overline{\mathrm{OB}}}{\overline{\mathrm{OA}}} = \dfrac{\overline{\mathrm{OB}}}{1} = \overline{\mathrm{OB}}$

③ $\tan x = \dfrac{\overline{\mathrm{CD}}}{\overline{\mathrm{OD}}} = \dfrac{\overline{\mathrm{CD}}}{1} = \overline{\mathrm{CD}}$

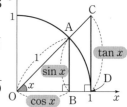

　예 $\sin 35° = 0.5736$

　　$\cos 35° = 0.8192$

　　$\tan 35° = 0.7002$

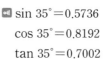

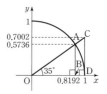

● 0°, 90°의 삼각비의 값

① $\sin 0°=0$, $\cos 0°=1$, $\tan 0°=0$

② $\sin 90°=1$, $\cos 90°=0$, $\tan 90°$의 값은 정할 수 없다.

● 0°≤x≤90°인 범위에서 삼각비의 값의 증가, 감소

① $\sin x$의 값은 0에서 1까지 증가

② $\cos x$의 값은 1에서 0까지 감소

③ $\tan x$의 값은 0에서 무한히 증가

> 예 $\sin 20°<\cos 20°$, $\sin 45°=\cos 45°<\tan 45°$
> $\cos 50°<\sin 50°<\tan 50°$

● 삼각형의 넓이

삼각형의 두 변의 길이와 그 끼인 각의 크기를 알 때

① ∠B가 예각인 경우

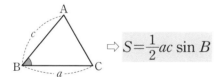 ⇨ $S=\dfrac{1}{2}ac\sin B$

② ∠B가 둔각인 경우

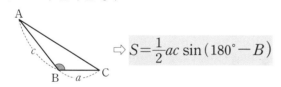 ⇨ $S=\dfrac{1}{2}ac\sin(180°-B)$

> 예 △ABC의 넓이 S를 구해 보자.

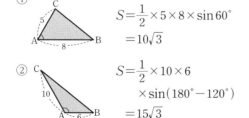

① $S=\dfrac{1}{2}\times 5\times 8\times\sin 60°$
$=10\sqrt{3}$

② $S=\dfrac{1}{2}\times 10\times 6$
$\times\sin(180°-120°)$
$=15\sqrt{3}$

● 사각형의 넓이

 ⇨ $\square ABCD=ab\sin x$

---

② 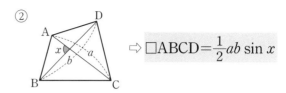 ⇨ $\square ABCD=\dfrac{1}{2}ab\sin x$

> 예 $\square ABCD$의 넓이 S는

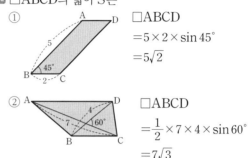

① $\square ABCD$
$=5\times 2\times\sin 45°$
$=5\sqrt{2}$

② $\square ABCD$
$=\dfrac{1}{2}\times 7\times 4\times\sin 60°$
$=7\sqrt{3}$

● 원의 중심과 현의 수직이등분선

① 원에서 현의 수직이등분선은 그 원의 중심을 지난다.

② 원의 중심에서 현에 내린 수선은 그 현을 이등분한다.

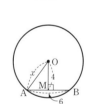

> 예 오른쪽 그림에서 x의 값은
> $\overline{AM}=\dfrac{1}{2}\times 6=3$
> ∴ $x=\sqrt{3^2+4^2}=5$

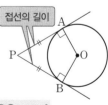

● 원의 접선의 길이의 성질

원 밖의 한 점에서 그 원에 그은 두 접선의 길이는 같고 접점을 지나는 반지름과 접선은 수직한다.

접선의 길이

⇨ $\overline{PA}=\overline{PB}$, $\angle PAO=\angle PBO=90°$

> 예 오른쪽 그림에서 $\overline{PA}$, $\overline{PB}$가
> 원 O의 접선일 때,
> $\angle PAO=\angle PBO=90°$이
> 므로 $\angle 45°+\angle x=180°$
> ∴ $\angle x=135°$

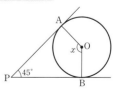

● 원주각과 중심각의 크기

① 원주각: 원에서 $\overset{\frown}{AB}$ 위에 있지 않은 점 P에 대하여 $\angle APB$를 $\overset{\frown}{AB}$에 대한 **원주각**이라 하고 $\overset{\frown}{AB}$를 원주각 $\angle APB$에 대한 호라고 한다.

② 원주각과 중심각의 크기: 원에서 한 호에 대한 원주각의 크기는 그 호에 대한 중심각의 크기의 $\dfrac{1}{2}$이다. ⇨ $\angle APB = \dfrac{1}{2}\angle AOB$

예 오른쪽 그림에서 $\angle x$의 크기는
$\angle x = \dfrac{1}{2} \times 140° = 70°$

● 원주각의 성질

① 원에서 한 호에 대한 원주각의 크기는 모두 같다.
⇨ $\angle APB = \angle AQB$
　　　$= \angle ARB$

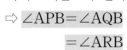

② 원에서 호가 반원일 때, 그 호에 대한 원주각의 크기는 90°이다.
⇨ $\overline{AB}$가 원 O의 지름이면
　　$\angle APB = 90°$

예 오른쪽 그림에서 $\angle x$의 크기는
$\angle APB = 90°$이므로
$\angle x = 90° - 40° = 50°$

● 원주각의 크기와 호의 길이

한 원에서 호의 길이는 그 호에 대한 원주각의 크기에 정비례한다.
⇨ $\overset{\frown}{AB} : \overset{\frown}{BC} = \angle x : \angle y$

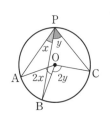

예 $\overset{\frown}{AB} : \overset{\frown}{BC} = 9 : 3 = 3 : 1$이므로
$\angle x : 25° = 3 : 1$
∴ $\angle x = 75°$

● 원주각의 크기와 호의 길이

① 호 AB의 길이가 원주의 $\dfrac{1}{n}$이면 ⇨ $\angle APB = \dfrac{1}{n} \times 180°$

② $\overset{\frown}{AB} : \overset{\frown}{BC} : \overset{\frown}{CA} = l : m : n$
⇨ $\angle ACB = \dfrac{l}{l+m+n} \times 180°$
　　$\angle BAC = \dfrac{m}{l+m+n} \times 180°$
　　$\angle CBA = \dfrac{n}{l+m+n} \times 180°$

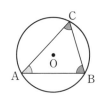

예 $\overset{\frown}{AB} : \overset{\frown}{BC} : \overset{\frown}{CA} = 5 : 4 : 3$
$\angle BAC = \dfrac{4}{3+4+5} \times 180°$
　　　$= 60°$

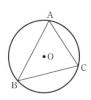

● 원에 내접하는 사각형의 성질

① 원에 내접하는 사각형에서 한 쌍의 대각의 크기의 합은 180°이다.
$\angle A + \angle C = 180°, \ \angle B + \angle D = 180°$

② 원에 내접하는 사각형에서 $\angle DCE = \angle A$

예 오른쪽 그림에서 $\angle x$, $\angle y$의 크기는
$\angle x = \angle DAB = 112°$
$94° + \angle y = 180°$
∴ $\angle y = 86°$

● 접선과 현이 이루는 각

원의 접선과 그 접점을 지나는 현이 이루는 각의 크기는 그 각의 내부에 있는 호에 대한 원주각의 크기와 같다.

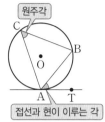

$\angle BAT = \angle BCA$

📝 오른쪽 그림에서 $\overleftrightarrow{TT'}$이 점 A에서 원에 접할 때, $\angle x$, $\angle y$의 크기는

$\angle x = \angle BAT' = 57°$

$\angle y = \angle CAT = 63°$

● 대푯값

자료의 중심 경향을 하나의 수로 나타내어 전체 자료를 대표하는 값이다. 대푯값에는 평균, 중앙값, 최빈값 등이 있다.

① 평균: $(평균) = \dfrac{(전체\ 자료의\ 합)}{(자료의\ 개수)}$

② 중앙값: 자료를 작은 값에서부터 크기순으로 나열할 때, 중앙에 위치한 값

• 자료의 개수가 홀수이면 가운데 위치한 값이 중앙값

• 자료의 개수가 짝수이면 가운데 위치한 두 값의 평균이 중앙값

📝 자료가 5, 9, 3, 2, 8, 1, 6일 때, 작은 값부터 순서대로 나열하면 1, 2, 3, 5, 6, 8, 9이므로 5가 중앙값

📝 자료가 3, 1, 5, 9, 2, 7, 1, 6일 때, 작은 값부터 순서대로 나열하면 1, 1, 2, 3, 5, 6, 7, 9이므로 중앙에 있는 3, 5의 평균인 4가 중앙값

③ 최빈값: 자료의 값 중에서 가장 많이 나타난 값, 즉 도수가 가장 큰 값

📝 자료가 5, 4, 4, 4, 5, 7, 6일 때, 4의 도수가 3으로 가장 크므로 최빈값은 4이다.

📝 자료가 5, 4, 8, 5, 7, 6, 4일 때, 4의 도수가 2, 5의 도수가 2이므로 최빈값은 4, 5이다.

● 산포도

자료가 흩어져 있는 정도를 하나의 수로 나타낸 값

① (편차) = (변량) - (평균)

② 분산: 편차의 제곱의 평균

$(분산) = \dfrac{\{(편차)^2의\ 총합\}}{(변량의\ 개수)}$

③ 표준편차: 분산의 음이 아닌 제곱근

$(표준편차) = \sqrt{(분산)}$

📝 어떤 자료의 편차가 2, -4, 3, 0, -1일 때,

$\{(편차)^2의\ 총합\}$

$= 2^2 + (-4)^2 + 3^2 + (-1)^2 = 30$

$(분산) = \dfrac{30}{5} = 6$, $(표준편차) = \sqrt{(분산)} = \sqrt{6}$

● 상관관계

두 변량 x, y에 대하여 x의 값이 변함에 따라 y의 값이 변하는 경향이 있을 때, 이 두 변량 x, y 사이의 관계를 상관관계라 한다.

① 양의 상관관계: x의 값이 증가함에 따라 y의 값도 대체로 증가하는 경향이 있는 관계이다.

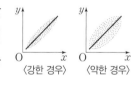

📝 몸무게와 키, 학습 시간과 시험 점수, 인구 수와 생필품 소비량

② 음의 상관관계: x의 값이 증가함에 따라 y의 값이 대체로 감소하는 경향이 있는 관계이다.

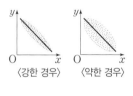

📝 해발 고도와 기온, 쌀 생산량과 쌀의 가격, 용돈에서 소비와 저축

③ 상관관계가 없다.

x의 값이 증가함에 따라 y의 값이 커지는지 작아지는지 그 관계가 분명하지 않은 경우이다.

삼각비의 표

각도	사인(sin)	코사인(cos)	탄젠트(tan)	각도	사인(sin)	코사인(cos)	탄젠트(tan)
0°	0.0000	1.0000	0.0000	45°	0.7071	0.7071	1.0000
1°	0.0175	0.9998	0.0175	46°	0.7193	0.6947	1.0355
2°	0.0349	0.9994	0.0349	47°	0.7314	0.6820	1.0724
3°	0.0523	0.9986	0.0524	48°	0.7431	0.6691	1.1106
4°	0.0698	0.9976	0.0699	49°	0.7547	0.6561	1.1504
5°	0.0872	0.9962	0.0875	50°	0.7660	0.6428	1.1918
6°	0.1045	0.9945	0.1051	51°	0.7771	0.6293	1.2349
7°	0.1219	0.9925	0.1228	52°	0.7880	0.6157	1.2799
8°	0.1392	0.9903	0.1405	53°	0.7986	0.6018	1.3270
9°	0.1564	0.9877	0.1584	54°	0.8090	0.5878	1.3764
10°	0.1736	0.9848	0.1763	55°	0.8192	0.5736	1.4281
11°	0.1908	0.9816	0.1944	56°	0.8290	0.5592	1.4826
12°	0.2079	0.9781	0.2126	57°	0.8387	0.5446	1.5399
13°	0.2250	0.9744	0.2309	58°	0.8480	0.5299	1.6003
14°	0.2419	0.9703	0.2493	59°	0.8572	0.5150	1.6643
15°	0.2588	0.9659	0.2679	60°	0.8660	0.5000	1.7321
16°	0.2756	0.9613	0.2867	61°	0.8746	0.4848	1.8040
17°	0.2924	0.9563	0.3057	62°	0.8829	0.4695	1.8807
18°	0.3090	0.9511	0.3249	63°	0.8910	0.4540	1.9626
19°	0.3256	0.9455	0.3443	64°	0.8988	0.4384	2.0503
20°	0.3420	0.9397	0.3640	65°	0.9063	0.4226	2.1445
21°	0.3584	0.9336	0.3839	66°	0.9135	0.4067	2.2460
22°	0.3746	0.9272	0.4040	67°	0.9205	0.3907	2.3559
23°	0.3907	0.9205	0.4245	68°	0.9272	0.3746	2.4751
24°	0.4067	0.9135	0.4452	69°	0.9336	0.3584	2.6051
25°	0.4226	0.9063	0.4663	70°	0.9397	0.3420	2.7475
26°	0.4384	0.8988	0.4877	71°	0.9455	0.3256	2.9042
27°	0.4540	0.8910	0.5095	72°	0.9511	0.3090	3.0777
28°	0.4695	0.8829	0.5317	73°	0.9563	0.2924	3.2709
29°	0.4848	0.8746	0.5543	74°	0.9613	0.2756	3.4874
30°	0.5000	0.8660	0.5774	75°	0.9659	0.2588	3.7321
31°	0.5150	0.8572	0.6009	76°	0.9703	0.2419	4.0108
32°	0.5299	0.8480	0.6249	77°	0.9744	0.2250	4.3315
33°	0.5446	0.8387	0.6494	78°	0.9781	0.2079	4.7046
34°	0.5592	0.8290	0.6745	79°	0.9816	0.1908	5.1446
35°	0.5736	0.8192	0.7002	80°	0.9848	0.1736	5.6713
36°	0.5878	0.8090	0.7265	81°	0.9877	0.1564	6.3138
37°	0.6018	0.7986	0.7536	82°	0.9903	0.1392	7.1154
38°	0.6157	0.7880	0.7813	83°	0.9925	0.1219	8.1443
39°	0.6293	0.7771	0.8098	84°	0.9945	0.1045	9.5144
40°	0.6428	0.7660	0.8391	85°	0.9962	0.0872	11.4301
41°	0.6561	0.7547	0.8693	86°	0.9976	0.0698	14.3007
42°	0.6691	0.7431	0.9004	87°	0.9986	0.0523	19.0811
43°	0.6820	0.7314	0.9325	88°	0.9994	0.0349	28.6363
44°	0.6947	0.7193	0.9657	89°	0.9998	0.0175	57.2900
45°	0.7071	0.7071	1.0000	90°	1.0000	0.0000	—

바쁘게 공부하다 체한 영문법, 문단열 쌤의 소화제 처방!

영문법 정복은 문법 용어와의 싸움!
이제 영어 소화 효소가 생긴다! 영어 공부 speed up!

크크크~ 유머 있는 그림으로 감 잡는다!
문법 하나에 그림 하나! 사진 찍듯 기억이 고정된다!

우리말로 비교하며 설명하니 느낌이 확 온다!
이렇게 알아듣게 설명해 주는 책은 오랜만이야.

공부가 소화되는 방법 총동원 ― '평생 기억하기' 꿀팁까지!
무책임한 책이 아니야. 외우는 방법까지 생각했어. 혼자 공부해도 OK!

그림으로
이해하고

스토리텔링으로
기억하니
잊혀지지 않아요!

허세 없는 기본 문제집

바쁜 중3을 위한
빠른 중학도형

스쿨피아 연구소
임미연 지음

정답 및 해설

3학년 2학기 (전 단원)

삼각비, 원의 성질, 통계

〈특별 부록〉
'중학 3개년 연산, 도형 공식'
수록

나 혼자
푼다!!

이지스에듀

바쁘니까
'바빠 중학도형'이다~

01 삼각비의 값

A sin의 값 구하기 13쪽

1 $\frac{4}{5}$ 2 $\frac{3}{5}$ 3 $\frac{5}{13}$ 4 $\frac{12}{13}$

5 $\frac{3}{5}$ 6 $\frac{4}{5}$ 7 $\frac{2}{3}$ 8 $\frac{\sqrt{5}}{3}$

9 $\frac{\sqrt{3}}{2}$ 10 $\frac{1}{2}$ 11 $\frac{\sqrt{2}}{2}$ 12 $\frac{\sqrt{2}}{2}$

---

11 $\sin B=\frac{1}{\sqrt{2}}=\frac{\sqrt{2}}{2}$

12 $\sin C=\frac{1}{\sqrt{2}}=\frac{\sqrt{2}}{2}$

B cos의 값 구하기 14쪽

1 $\frac{3}{5}$ 2 $\frac{4}{5}$ 3 $\frac{12}{13}$ 4 $\frac{5}{13}$

5 $\frac{4}{5}$ 6 $\frac{3}{5}$ 7 $\frac{\sqrt{5}}{3}$ 8 $\frac{2}{3}$

9 $\frac{1}{2}$ 10 $\frac{\sqrt{3}}{2}$ 11 $\frac{\sqrt{2}}{2}$ 12 $\frac{\sqrt{2}}{2}$

C tan의 값 구하기 15쪽

1 $\frac{4}{3}$ 2 $\frac{3}{4}$ 3 $\frac{5}{12}$ 4 $\frac{12}{5}$

5 $\frac{3}{4}$ 6 $\frac{4}{3}$ 7 $\frac{2\sqrt{5}}{5}$ 8 $\frac{\sqrt{5}}{2}$

9 $\sqrt{3}$ 10 $\frac{\sqrt{3}}{3}$ 11 1 12 1

---

7 $\tan B=\frac{4}{2\sqrt{5}}=\frac{4\sqrt{5}}{10}=\frac{2\sqrt{5}}{5}$

8 $\tan C=\frac{2\sqrt{5}}{4}=\frac{\sqrt{5}}{2}$

9 $\tan A=\frac{4\sqrt{3}}{4}=\sqrt{3}$

10 $\tan C=\frac{4}{4\sqrt{3}}=\frac{4\sqrt{3}}{12}=\frac{\sqrt{3}}{3}$

D 삼각비의 값 16쪽

1 $\frac{\sqrt{5}}{5}$ 2 $\frac{2\sqrt{5}}{5}$ 3 $\frac{1}{2}$ 4 $\frac{2\sqrt{5}}{5}$

5 $\frac{\sqrt{5}}{5}$ 6 2 7 $\frac{\sqrt{14}}{8}$ 8 $\frac{5\sqrt{2}}{8}$

9 $\frac{\sqrt{7}}{5}$ 10 $\frac{5\sqrt{2}}{8}$ 11 $\frac{\sqrt{14}}{8}$ 12 $\frac{5\sqrt{7}}{7}$

---

1 $\sin B=\frac{2}{2\sqrt{5}}=\frac{\sqrt{5}}{5}$

2 $\cos B=\frac{4}{2\sqrt{5}}=\frac{2\sqrt{5}}{5}$

3 $\tan B=\frac{2}{4}=\frac{1}{2}$

4 $\sin C=\frac{4}{2\sqrt{5}}=\frac{2\sqrt{5}}{5}$

5 $\cos C=\frac{2}{2\sqrt{5}}=\frac{\sqrt{5}}{5}$

6 $\tan C=\frac{4}{2}=2$

7 $\sin A=\frac{\sqrt{7}}{4\sqrt{2}}=\frac{\sqrt{14}}{8}$

8 $\cos A=\frac{5}{4\sqrt{2}}=\frac{5\sqrt{2}}{8}$

9 $\tan A=\frac{\sqrt{7}}{5}$

10 $\sin C=\frac{5}{4\sqrt{2}}=\frac{5\sqrt{2}}{8}$

11 $\cos C=\frac{\sqrt{7}}{4\sqrt{2}}=\frac{\sqrt{14}}{8}$

12 $\tan C=\frac{5}{\sqrt{7}}=\frac{5\sqrt{7}}{7}$

거저먹는 시험 문제 17쪽

1 (1) $\frac{\sqrt{2}}{2}$ (2) $\frac{\sqrt{6}}{3}$ (3) $\frac{\sqrt{6}}{3}$ (4) $\sqrt{2}$

2 $\frac{\sqrt{5}}{2}$ 3 ④ 4 $\frac{5}{13}$ 5 ②, ⑤

1 (1) $\tan C=\frac{3\sqrt{2}}{6}=\frac{\sqrt{2}}{2}$

(2) $\sin B=\frac{6}{3\sqrt{6}}=\frac{\sqrt{6}}{3}$

(3) $\cos C=\frac{6}{3\sqrt{6}}=\frac{\sqrt{6}}{3}$

(4) $\tan B=\frac{6}{3\sqrt{2}}=\sqrt{2}$

2 $\sin A\div\cos A=\frac{\sqrt{5}}{3}\div\frac{2}{3}=\frac{\sqrt{5}}{2}$

3 $\tan B\times\tan C=\frac{3}{4}\times\frac{4}{3}=1$

4 $\cos A\times\tan A=\frac{12}{13}\times\frac{5}{12}=\frac{5}{13}$

02 삼각형의 변의 길이 구하기

A 직각삼각형의 변의 길이 19쪽

1 $\sqrt{5}$ 2 $2\sqrt{2}$ 3 $\sqrt{13}$ 4 5

5 4 6 3 7 8 8 9

1 $x=\sqrt{2^2+1^2}=\sqrt{5}$

2 $x=\sqrt{2^2+2^2}=2\sqrt{2}$

3 $x=\sqrt{3^2+2^2}=\sqrt{13}$

4 $x=\sqrt{3^2+4^2}=5$

5 $x=\sqrt{(2\sqrt{5})^2-2^2}=4$

6 $x=\sqrt{(3\sqrt{2})^2-3^2}=3$

7 $x=\sqrt{10^2-6^2}=8$

8 $x=\sqrt{15^2-12^2}=9$

B 직각삼각형의 변의 길이를 구한 후 삼각비의 값 구하기

20쪽

---

1 $\dfrac{2\sqrt{5}}{5}$　　2 $\dfrac{2\sqrt{5}}{5}$　　3 $\dfrac{1}{2}$　　4 $\dfrac{2\sqrt{6}}{5}$

5 $\dfrac{5}{7}$　　6 $\dfrac{5}{7}$　　7 $\dfrac{\sqrt{6}}{3}$　　8 $\dfrac{\sqrt{2}}{2}$

9 $\dfrac{\sqrt{3}}{3}$　　10 $\dfrac{2\sqrt{5}}{5}$　　11 $\dfrac{1}{2}$　　12 $\dfrac{\sqrt{5}}{5}$

- -

1 $\overline{AB}=\sqrt{6^2+3^2}=3\sqrt{5}$

　$\therefore \sin A=\dfrac{6}{3\sqrt{5}}=\dfrac{2\sqrt{5}}{5}$

2 $\cos B=\dfrac{6}{3\sqrt{5}}=\dfrac{2\sqrt{5}}{5}$

3 $\tan B=\dfrac{3}{6}=\dfrac{1}{2}$

4 $\overline{AB}=\sqrt{7^2-5^2}=2\sqrt{6}$

　$\therefore \tan C=\dfrac{2\sqrt{6}}{5}$

5 $\sin B=\dfrac{5}{7}$

6 $\cos C=\dfrac{5}{7}$

7 $\overline{AB}=k$, $\overline{BC}=\sqrt{3}k$로 놓으면

　$\overline{AC}=\sqrt{3k^2-k^2}=\sqrt{2}k$

　$\therefore \sin B=\dfrac{\sqrt{2}}{\sqrt{3}}=\dfrac{\sqrt{6}}{3}$

8 $\tan C=\dfrac{1}{\sqrt{2}}=\dfrac{\sqrt{2}}{2}$

9 $\cos B=\dfrac{1}{\sqrt{3}}=\dfrac{\sqrt{3}}{3}$

10 $\overline{AB}=2k$, $\overline{AC}=k$로 놓으면

　$\overline{BC}=\sqrt{4k^2+k^2}=\sqrt{5}k$

　$\therefore \sin C=\dfrac{2\sqrt{5}}{5}$

C 삼각비의 값이 주어질 때 삼각형의 변의 길이 구하기

21쪽

---

1 8　　2 $4\sqrt{3}$　　3 $3\sqrt{2}$　　4 $3\sqrt{7}$

5 $2\sqrt{3}$　　6 $4\sqrt{3}$　　7 $\dfrac{\sqrt{2}}{2}$　　8 $\dfrac{3\sqrt{2}}{2}$

- -

1 $\sin A=\dfrac{4}{\overline{AB}}=\dfrac{1}{2}$이므로 $\overline{AB}=8$

2 $\overline{AC}=\sqrt{8^2-4^2}=4\sqrt{3}$

3 $\cos C=\dfrac{\overline{BC}}{9}=\dfrac{\sqrt{2}}{3}$이므로 $\overline{BC}=3\sqrt{2}$

4 $\overline{AB}=\sqrt{9^2-(3\sqrt{2})^2}=3\sqrt{7}$

5 $\tan B=\dfrac{6}{\overline{AB}}=\sqrt{3}$이므로 $\overline{AB}=2\sqrt{3}$

6 $\overline{BC}=\sqrt{6^2+(2\sqrt{3})^2}=4\sqrt{3}$

7 $\tan B=\dfrac{\overline{AC}}{2}=\dfrac{\sqrt{2}}{4}$이므로 $\overline{AC}=\dfrac{\sqrt{2}}{2}$

8 $\overline{BC}=\sqrt{2^2+\left(\dfrac{\sqrt{2}}{2}\right)^2}=\sqrt{\dfrac{9}{2}}=\dfrac{3\sqrt{2}}{2}$

D 한 삼각비의 값을 알 때 다른 삼각비의 값 구하기 1

22쪽

---

1 $\dfrac{\sqrt{2}}{2}$　　2 1　　3 $\dfrac{2\sqrt{6}}{5}$　　4 $\dfrac{2\sqrt{6}}{7}$

5 $\dfrac{\sqrt{10}}{30}$　　6 1　　7 $\dfrac{\sqrt{6}}{3}$　　8 $\sqrt{3}$

- -

1 $\cos A=\dfrac{\overline{AC}}{2\sqrt{2}}=\dfrac{\sqrt{2}}{2}$이므로 $\overline{AC}=2$

　$\overline{BC}=\sqrt{(2\sqrt{2})^2-2^2}=2$

　$\therefore \sin A=\dfrac{2}{2\sqrt{2}}=\dfrac{\sqrt{2}}{2}$

2 $\overline{AC}=2$, $\overline{BC}=2$이므로 $\tan B=\dfrac{2}{2}=1$

3 $\sin B=\dfrac{10}{\overline{BC}}=\dfrac{5}{7}$이므로 $\overline{BC}=14$

　$\overline{AB}=\sqrt{14^2-10^2}=4\sqrt{6}$

　$\therefore \tan C=\dfrac{4\sqrt{6}}{10}=\dfrac{2\sqrt{6}}{5}$

4 $\overline{BC}=14$, $\overline{AB}=4\sqrt{6}$이므로

　$\cos B=\dfrac{4\sqrt{6}}{14}=\dfrac{2\sqrt{6}}{7}$

5 $\tan A=\dfrac{\overline{BC}}{2}=3$이므로 $\overline{BC}=6$

　$\overline{AC}=\sqrt{2^2+6^2}=2\sqrt{10}$

　$\therefore \tan C=\dfrac{2}{6}=\dfrac{1}{3}$, $\cos A=\dfrac{2}{2\sqrt{10}}=\dfrac{\sqrt{10}}{10}$

　$\therefore \tan C \times \cos A=\dfrac{1}{3}\times\dfrac{\sqrt{10}}{10}=\dfrac{\sqrt{10}}{30}$

6 $\overline{BC}=6$, $\overline{AC}=2\sqrt{10}$이므로

　$\sin A=\dfrac{6}{2\sqrt{10}}=\dfrac{3\sqrt{10}}{10}$,

　$\cos C=\dfrac{6}{2\sqrt{10}}=\dfrac{3\sqrt{10}}{10}$

　$\therefore \sin A\div\cos C=\dfrac{3\sqrt{10}}{10}\times\dfrac{10}{3\sqrt{10}}=1$

7 $\tan C = \dfrac{\overline{AB}}{8} = \dfrac{\sqrt{2}}{2}$ 이므로 $\overline{AB} = 4\sqrt{2}$

$\overline{BC} = \sqrt{(4\sqrt{2})^2 + 8^2} = 4\sqrt{6}$

$\therefore \sin C = \dfrac{4\sqrt{2}}{4\sqrt{6}} = \dfrac{\sqrt{3}}{3}$, $\tan B = \dfrac{8}{4\sqrt{2}} = \sqrt{2}$

$\therefore \sin C \times \tan B = \dfrac{\sqrt{3}}{3} \times \sqrt{2} = \dfrac{\sqrt{6}}{3}$

8 $\overline{AB} = 4\sqrt{2}$, $\overline{BC} = 4\sqrt{6}$이므로

$\tan B = \dfrac{8}{4\sqrt{2}} = \sqrt{2}$, $\cos C = \dfrac{8}{4\sqrt{6}} = \dfrac{\sqrt{6}}{3}$

$\therefore \tan B \div \cos C = \sqrt{2} \times \dfrac{3}{\sqrt{6}} = \sqrt{3}$

E 한 삼각비의 값을 알 때 다른 삼각비의 값 구하기 2

23쪽

1 $\dfrac{6}{5}$	2 0	3 $6\sqrt{2}$	4 $\dfrac{3}{4}$
5 $5\sqrt{5}$	6 $\sqrt{3}$	7 $4\sqrt{5}$	8 $2\sqrt{3}$

1 $\sin A = \dfrac{4}{5}$이므로 $\overline{AB} = 5$로 놓으면 $\overline{BC} = 4$

$\overline{AC} = \sqrt{5^2 - 4^2} = 3$

$\therefore \sin B = \dfrac{3}{5}$, $\cos A = \dfrac{3}{5}$

$\therefore \sin B + \cos A = \dfrac{6}{5}$

2 $\sin B = \dfrac{\sqrt{2}}{2}$이므로 $\overline{AB} = 2$로 놓으면 $\overline{AC} = \sqrt{2}$

$\overline{BC} = \sqrt{2^2 - (\sqrt{2})^2} = \sqrt{2}$

$\therefore \cos B = \dfrac{\sqrt{2}}{2}$, $\sin A = \dfrac{\sqrt{2}}{2}$

$\therefore \cos B - \sin A = 0$

3 $\cos A = \dfrac{2\sqrt{2}}{3}$이므로 $\overline{AB} = 3$으로 놓으면

$\overline{AC} = 2\sqrt{2}$

$\overline{BC} = \sqrt{3^2 - (2\sqrt{2})^2} = 1$

$\therefore \tan B = 2\sqrt{2}$, $\cos B = \dfrac{1}{3}$

$\therefore \tan B \div \cos B = 6\sqrt{2}$

4 $\tan B = \sqrt{3}$이므로 $\overline{BC} = 1$로 놓으면 $\overline{AC} = \sqrt{3}$

$\overline{AB} = \sqrt{1^2 + (\sqrt{3})^2} = 2$

$\therefore \sin B = \dfrac{\sqrt{3}}{2}$, $\cos A = \dfrac{\sqrt{3}}{2}$

$\therefore \sin B \times \cos A = \dfrac{3}{4}$

5 $\sin A = \dfrac{2}{3}$이므로 $\overline{AB} = 3$으로 놓으면 $\overline{BC} = 2$

$\overline{AC} = \sqrt{3^2 - 2^2} = \sqrt{5}$

$\therefore \sin B = \dfrac{\sqrt{5}}{3}$, $\tan B = \dfrac{\sqrt{5}}{2}$

$\therefore 6(\sin B + \tan B) = 5\sqrt{5}$

6 $\cos B = \dfrac{1}{2}$이므로 $\overline{AB} = 2$로 놓으면 $\overline{BC} = 1$

$\overline{AC} = \sqrt{2^2 - 1^2} = \sqrt{3}$

$\therefore \sin A = \dfrac{1}{2}$, $\tan B = \sqrt{3}$

$\therefore 2\sin A \times \tan B = \sqrt{3}$

7 $\sin A = \dfrac{2\sqrt{5}}{5}$이므로 $\overline{AB} = 5$로 놓으면 $\overline{BC} = 2\sqrt{5}$

$\overline{AC} = \sqrt{5^2 - (2\sqrt{5})^2} = \sqrt{5}$

$\therefore \tan A = \dfrac{2\sqrt{5}}{\sqrt{5}} = 2$, $\cos B = \dfrac{2\sqrt{5}}{5}$

$\therefore 5\tan A \times \cos B = 4\sqrt{5}$

8 $\sin B = \dfrac{2}{\sqrt{6}} = \dfrac{\sqrt{6}}{3}$이므로 $\overline{AB} = 3$으로 놓으면

$\overline{AC} = \sqrt{6}$, $\overline{BC} = \sqrt{3^2 - (\sqrt{6})^2} = \sqrt{3}$

$\therefore \cos A = \dfrac{\sqrt{6}}{3}$, $\tan B = \sqrt{2}$

$\therefore 3\cos A \times \tan B = 2\sqrt{3}$

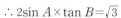 거저먹는 시험 문제

24쪽

1 $\sqrt{2}$	2 $\dfrac{\sqrt{5}}{2}$	3 ⑤	4 ④
5 16 cm^2	6 ③		

1 $\overline{BC} = \sqrt{(2\sqrt{3})^2 - 2^2} = 2\sqrt{2}$

$\therefore \sin A = \dfrac{2\sqrt{2}}{2\sqrt{3}} = \dfrac{\sqrt{6}}{3}$, $\cos A = \dfrac{2}{2\sqrt{3}} = \dfrac{\sqrt{3}}{3}$

$\therefore \sin A \div \cos A = \dfrac{\sqrt{6}}{3} \times \dfrac{3}{\sqrt{3}} = \sqrt{2}$

2 $\overline{AB} = 3k$, $\overline{AC} = 2k$로 놓으면

$\overline{BC} = \sqrt{(3k)^2 - (2k)^2} = \sqrt{5}k$ $\therefore \tan A = \dfrac{\sqrt{5}}{2}$

3 $\overline{AC} = \sqrt{10^2 - 6^2} = 8$, $\overline{BC} = \sqrt{17^2 - 8^2} = 15$

$\therefore \cos B = \dfrac{15}{17}$

4 $\tan C = \dfrac{3\sqrt{2}}{\overline{BC}} = \dfrac{\sqrt{2}}{2}$이므로 $\overline{BC} = 6$ cm

$\overline{AC} = \sqrt{(3\sqrt{2})^2 + 6^2} = 3\sqrt{6}$ (cm)

5 $\sin A = \dfrac{\overline{BC}}{4\sqrt{5}} = \dfrac{2\sqrt{5}}{5}$이므로 $\overline{BC} = 8$ cm

$\overline{AC} = \sqrt{(4\sqrt{5})^2 - 8^2} = 4$ (cm)

$\therefore \triangle ABC = \dfrac{1}{2} \times 8 \times 4 = 16$ (cm^2)

6 $\cos C = \dfrac{2}{3}$이므로 $\overline{AC} = 3$으로 놓으면 $\overline{BC} = 2$

$\overline{AB} = \sqrt{3^2 - 2^2} = \sqrt{5}$

$\therefore \sin C = \dfrac{\sqrt{5}}{3}$, $\tan C = \dfrac{\sqrt{5}}{2}$

$\therefore 6(\sin C + \tan C) = 6\left(\dfrac{\sqrt{5}}{3} + \dfrac{\sqrt{5}}{2}\right) = 5\sqrt{5}$

03 삼각비의 값의 활용

A 직각삼각형에서의 AA닮음

26쪽

1 △DBE 2 ∠BED 3 △AED 4 ∠ACB
5 ∠ACB 6 ∠ABC 7 ∠ADB, ∠DBC
8 ∠DAH, ∠BDC

---

1 ∠BAC=∠BDE=90°, ∠B는 공통
  △ABC∽△DBE (AA닮음)

2 △ABC∽△DBE (AA닮음)이므로
  x=∠BED

3 ∠ABC=∠AED, ∠A는 공통
  △ABC∽△AED (AA닮음)

4 △ABC∽△AED (AA닮음)이므로
  x=∠ACB

5 $x+y=90°$이고
  y+∠ACB=90°이므로 x=∠ACB

6 $x+y=90°$이고
  x+∠ABC=90°이므로 y=∠ABC

7 $x+y=90°$이고
  y+∠ADB=90°이므로 x=∠ADB
  또, y+∠DBC=90°이므로 x=∠DBC

8 $x+y=90°$이고
  x+∠DAH=90°이므로 y=∠DAH
  x=∠ADB이고
  ∠ADB+∠BDC=90°이므로 y=∠BDC

B 직각삼각형의 닮음을 이용하여 삼각비의 값 구하기 1

27쪽

1 $\frac{4}{5}$ 2 $\frac{3}{4}$ 3 $\frac{4}{5}$ 4 $\frac{\sqrt{3}}{3}$
5 $\frac{\sqrt{3}}{2}$ 6 $\frac{\sqrt{3}}{2}$ 7 $\frac{5}{13}$ 8 $\frac{5}{12}$
9 $\frac{2\sqrt{6}}{7}$ 10 $\frac{5}{7}$

---

1 $\overline{BC}=\sqrt{8^2+6^2}=10$이고
  ∠ACB=x이므로
  $\sin x=\frac{4}{5}$

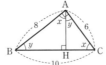

2 ∠ABC=y이므로 $\tan y=\frac{6}{8}=\frac{3}{4}$

3 ∠ABC=y이므로 $\cos y=\frac{8}{10}=\frac{4}{5}$

4 $\overline{BC}=\sqrt{2^2+(2\sqrt{3})^2}=4$이고
  ∠ACB=x이므로
  $\tan x=\frac{\sqrt{3}}{3}$

5 ∠ABC=y이므로 $\sin y=\frac{2\sqrt{3}}{4}=\frac{\sqrt{3}}{2}$

6 ∠ACB=x이므로 $\cos x=\frac{2\sqrt{3}}{4}=\frac{\sqrt{3}}{2}$

7 $\overline{BD}=\sqrt{5^2+12^2}=13$이고
  ∠ADB=x이므로 $\sin x=\frac{5}{13}$

8 ∠ADB=x이므로 $\tan x=\frac{5}{12}$

9 $\overline{BD}=\sqrt{10^2+(4\sqrt{6})^2}=14$이고
  ∠BDC=x이므로 $\cos x=\frac{2\sqrt{6}}{7}$

10 ∠BDC=x이므로 $\sin x=\frac{10}{14}=\frac{5}{7}$

C 직각삼각형의 닮음을 이용하여 삼각비의 값 구하기 2

28쪽

1 $\frac{\sqrt{3}-1}{2}$ 2 $\frac{3\sqrt{3}}{2}$ 3 $\frac{15}{17}$ 4 $\frac{15}{8}$
5 $\frac{1+2\sqrt{2}}{3}$ 6 $\frac{1}{3}$ 7 $\frac{2\sqrt{5}}{9}$ 8 $\frac{\sqrt{5}}{3}$

---

1 ∠BDE=∠BCA=x, $\overline{DE}=\sqrt{4^2-(2\sqrt{3})^2}=2$
  $\sin x=\frac{\sqrt{3}}{2}$, $\cos x=\frac{1}{2}$
  ∴ $\sin x-\cos x=\frac{\sqrt{3}-1}{2}$

2 ∠BDE=∠BCA=x
  ∴ $\tan x=\frac{2\sqrt{3}}{2}=\sqrt{3}$, $\sin x=\frac{2\sqrt{3}}{4}=\frac{\sqrt{3}}{2}$
  ∴ $\tan x+\sin x=\sqrt{3}+\frac{\sqrt{3}}{2}=\frac{3\sqrt{3}}{2}$

3 ∠BCA=∠BDE=x, $\overline{BC}=\sqrt{15^2+8^2}=17$
  $\cos x=\frac{8}{17}$, $\tan x=\frac{15}{8}$
  ∴ $\cos x\times\tan x=\frac{8}{17}\times\frac{15}{8}=\frac{15}{17}$

4 ∠BCA=∠BDE=x
  ∴ $\sin x=\frac{15}{17}$, $\cos x=\frac{8}{17}$
  ∴ $\sin x÷\cos x=\frac{15}{17}\times\frac{17}{8}=\frac{15}{8}$

5 ∠ABC=∠AED, $\overline{AE}=\sqrt{6^2-2^2}=4\sqrt{2}$
  $\sin B=\sin E=\frac{1}{3}$, $\cos B=\cos E=\frac{2\sqrt{2}}{3}$
  ∴ $\sin B+\cos B=\frac{1+2\sqrt{2}}{3}$

4

$6\ \tan B = \tan E = \dfrac{2}{4\sqrt{2}} = \dfrac{\sqrt{2}}{4}$

$\quad \sin C = \sin D = \dfrac{4\sqrt{2}}{6} = \dfrac{2\sqrt{2}}{3}$

$\quad \therefore \tan B \times \sin C = \dfrac{\sqrt{2}}{4} \times \dfrac{2\sqrt{2}}{3} = \dfrac{1}{3}$

$7\ \angle ABC = \angle AED,\ \overline{AE} = \sqrt{9^2 - 6^2} = 3\sqrt{5}$

$\quad \cos B = \cos E = \dfrac{3\sqrt{5}}{9} = \dfrac{\sqrt{5}}{3}$

$\quad \sin B = \sin E = \dfrac{6}{9} = \dfrac{2}{3}$

$\quad \therefore \cos B \times \sin B = \dfrac{\sqrt{5}}{3} \times \dfrac{2}{3} = \dfrac{2\sqrt{5}}{9}$

$8\ \cos C = \cos D = \dfrac{6}{9} = \dfrac{2}{3}$

$\quad \tan B = \tan E = \dfrac{6}{3\sqrt{5}} = \dfrac{2\sqrt{5}}{5}$

$\quad \therefore \cos C \div \tan B = \dfrac{2}{3} \times \dfrac{5}{2\sqrt{5}} = \dfrac{\sqrt{5}}{3}$

D 직선의 방정식이 주어질 때 삼각비의 값 구하기 29쪽

1 $\dfrac{2\sqrt{13}}{13}$ 2 $\dfrac{3\sqrt{10}}{10}$ 3 3 4 $\dfrac{\sqrt{5}}{5}$

5 $\dfrac{4\sqrt{5}}{5}$ 6 $\dfrac{23}{15}$

---

1 $2x - 3y + 6 = 0$에 $y = 0$을 대입하면

$\quad x = -3$

$\quad x = 0$을 대입하면 $y = 2$

$\quad \overline{AB} = \sqrt{3^2 + 2^2} = \sqrt{13}$

$\quad \therefore \sin a = \dfrac{2\sqrt{13}}{13}$

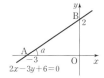

2 $x - 3y + 9 = 0$에 $y = 0$을 대입하면

$\quad x = -9$

$\quad x = 0$을 대입하면 $y = 3$

$\quad \overline{AB} = \sqrt{9^2 + 3^2}$

$\qquad = \sqrt{90} = 3\sqrt{10}$

$\quad \therefore \cos a = \dfrac{9}{3\sqrt{10}} = \dfrac{3\sqrt{10}}{10}$

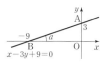

3 $3x - y + 6 = 0$에 $y = 0$을 대입하면

$\quad x = -2$

$\quad x = 0$을 대입하면 $y = 6$

$\quad \therefore \tan a = \dfrac{6}{2} = 3$

4 $y = 2x + 4$에 $y = 0$을 대입하면 $x = -2$

$\quad x = 0$을 대입하면 $y = 4$

$\quad \overline{AB} = \sqrt{2^2 + 4^2} = 2\sqrt{5}$

$\quad \sin a = \dfrac{2\sqrt{5}}{5},\ \cos a = \dfrac{\sqrt{5}}{5}$

$\quad \therefore \sin a - \cos a = \dfrac{\sqrt{5}}{5}$

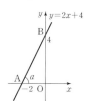

5 $y = \dfrac{1}{2}x + 1$에 $y = 0$을 대입하면 $x = -2$

$\quad x = 0$을 대입하면 $y = 1$

$\quad \overline{AB} = \sqrt{2^2 + 1^2} = \sqrt{5}$

$\quad \therefore \sin a = \dfrac{2}{\sqrt{5}} = \dfrac{2\sqrt{5}}{5}$

$\quad \tan a = \dfrac{2}{1} = 2$

$\quad \therefore \sin a \times \tan a = \dfrac{2\sqrt{5}}{5} \times 2 = \dfrac{4\sqrt{5}}{5}$

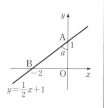

6 $y = \dfrac{4}{3}x - 8$에 $y = 0$을 대입하면 $x = 6$

$\quad x = 0$을 대입하면 $y = -8$

$\quad \overline{AB} = \sqrt{6^2 + 8^2} = 10$

$\quad \sin a = \dfrac{4}{5},\ \cos a = \dfrac{3}{5},\ \tan a = \dfrac{4}{3}$

$\quad \therefore \sin a - \cos a + \tan a = \dfrac{23}{15}$

E 입체도형에서 삼각비의 값 구하기 30쪽

1 $\dfrac{\sqrt{6}}{3}$ 2 $\dfrac{\sqrt{6}}{3}$ 3 $\dfrac{\sqrt{6}}{3}$ 4 $\dfrac{\sqrt{2}}{2}$

5 $\dfrac{\sqrt{13}}{7}$ 6 $\dfrac{3}{5}$

---

1 $\overline{EG} = \sqrt{2^2 + 2^2} = 2\sqrt{2}$

$\quad \triangle EGC$는 $\angle EGC = 90°$인 직각삼각형이므로

$\quad \overline{EC} = \sqrt{(2\sqrt{2})^2 + 2^2} = 2\sqrt{3}$

$\quad \therefore \cos x = \dfrac{2\sqrt{2}}{2\sqrt{3}} = \dfrac{\sqrt{6}}{3}$

2 $\overline{EG} = \sqrt{5^2 + 5^2} = 5\sqrt{2}$

$\quad \triangle EGC$는 $\angle EGC = 90°$인 직각삼각형이므로

$\quad \overline{EC} = \sqrt{(5\sqrt{2})^2 + 5^2} = 5\sqrt{3}$

$\quad \therefore \cos x = \dfrac{5\sqrt{2}}{5\sqrt{3}} = \dfrac{\sqrt{6}}{3}$

3 $\overline{FH} = \sqrt{(2\sqrt{2})^2 + (2\sqrt{2})^2} = 4$

$\quad \triangle BFH$는 $\angle BFH = 90°$인 직각삼각형이므로

$\quad \overline{BH} = \sqrt{4^2 + (2\sqrt{2})^2} = 2\sqrt{6}$

$\quad \therefore \cos x = \dfrac{4}{2\sqrt{6}} = \dfrac{\sqrt{6}}{3}$

4 $\overline{EG} = \sqrt{4^2 + 3^2} = 5$

$\quad \triangle AEG$는 $\angle AEG = 90°$인 직각삼각형이므로

$\quad \overline{AG} = \sqrt{5^2 + 5^2} = 5\sqrt{2}$

$\quad \therefore \cos x = \dfrac{5}{5\sqrt{2}} = \dfrac{\sqrt{2}}{2}$

5 $\overline{FH} = \sqrt{2^2 + 3^2} = \sqrt{13}$

$\quad \triangle DFH$는 $\angle DHF = 90°$인 직각삼각형이므로

$\quad \overline{FD} = \sqrt{(\sqrt{13})^2 + 6^2} = 7$

$\quad \therefore \cos x = \dfrac{\sqrt{13}}{7}$

$6\ \overline{FH}=\sqrt{(3\sqrt{2})^2+(3\sqrt{2})^2}=6$

$\triangle BFH$는 $\angle BFH=90°$인 직각삼각형이므로

$\overline{BH}=\sqrt{6^2+8^2}=10$

$\therefore \cos x=\dfrac{6}{10}=\dfrac{3}{5}$

거저먹는 시험 문제

31쪽

1 ①　　　　2 ③　　　　3 $\dfrac{\sqrt{5}}{5}$　　　　4 ①

5 ③　　　　6 $\dfrac{\sqrt{5}}{3}$

1 $\overline{BC}=\sqrt{4^2+(4\sqrt{3})^2}=8$이고 x, y
와 크기가 같은 각을 $\triangle ABC$에서
찾으면 오른쪽 그림과 같으므로

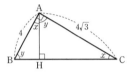

$\sin x=\dfrac{4}{8}=\dfrac{1}{2}$, $\cos y=\dfrac{4}{8}=\dfrac{1}{2}$

$\therefore \sin x+\cos y=1$

2 $\angle BAC=x$, $\tan x=\dfrac{\overline{BC}}{5}=3$이므로 $\overline{BC}=15$

$\overline{AB}=\sqrt{5^2+15^2}=5\sqrt{10}$

3 $\angle ADB=x$,

$\overline{BD}=\sqrt{10^2+5^2}=\sqrt{125}=5\sqrt{5}$

$\cos x=\dfrac{10}{5\sqrt{5}}=\dfrac{2\sqrt{5}}{5}$, $\tan x=\dfrac{5}{10}=\dfrac{1}{2}$

$\therefore \cos x\times\tan x=\dfrac{2\sqrt{5}}{5}\times\dfrac{1}{2}=\dfrac{\sqrt{5}}{5}$

4 $\angle EDC=x$, $\overline{EC}=\sqrt{(2\sqrt{5})^2-4^2}=2$

$\triangle EDC$에서 $\tan x=\dfrac{1}{2}$

5 $x-2y-4=0$에 $y=0$을 대입하면

$x=4$

$x=0$을 대입하면 $y=-2$

$\therefore \tan a=\dfrac{2}{4}=\dfrac{1}{2}$

6 $\overline{AC}=\sqrt{6^2+3^2}=3\sqrt{5}$

$\triangle AGC$는 $\angle ACG=90°$인 직각삼각형이므로

$\overline{AG}=\sqrt{(3\sqrt{5})^2+6^2}=9$

$\therefore \cos x=\dfrac{3\sqrt{5}}{9}=\dfrac{\sqrt{5}}{3}$

04 30°, 45°, 60°의 삼각비의 값

A 30°, 45°, 60°의 삼각비의 값 1

33쪽

1 $\dfrac{1}{2}$　　　2 1　　　3 $\dfrac{1}{2}$　　　4 $\sqrt{3}$

5 $\dfrac{\sqrt{2}}{2}$　　　6 $\dfrac{\sqrt{3}}{2}$　　　7 $\dfrac{\sqrt{2}}{2}$　　　8 $\dfrac{\sqrt{3}}{2}$

9 $\dfrac{\sqrt{3}}{3}$　　　10 풀이 참조

10　　삼각비	A　30°	45°	60°
$\sin A$	$\dfrac{1}{2}$	$\dfrac{\sqrt{2}}{2}$	$\dfrac{\sqrt{3}}{2}$
$\cos A$	$\dfrac{\sqrt{3}}{2}$	$\dfrac{\sqrt{2}}{2}$	$\dfrac{1}{2}$
$\tan A$	$\dfrac{\sqrt{3}}{3}$	1	$\sqrt{3}$

B 30°, 45°, 60°의 삼각비의 값 2

34쪽

1 1　　　2 $\dfrac{3\sqrt{3}}{2}$　　　3 $\dfrac{\sqrt{3}}{6}$　　　4 0

5 1　　　6 $\dfrac{13}{2}$　　　7 2　　　8 $2\sqrt{2}$

9 2　　　10 $\dfrac{2\sqrt{2}}{3}$

1 $\sin 30°+\cos 60°=\dfrac{1}{2}+\dfrac{1}{2}=1$

2 $\tan 60°+\cos 30°=\sqrt{3}+\dfrac{\sqrt{3}}{2}=\dfrac{3\sqrt{3}}{2}$

3 $\cos 60°\times\tan 30°=\dfrac{1}{2}\times\dfrac{\sqrt{3}}{3}=\dfrac{\sqrt{3}}{6}$

4 $\sin 45°-\cos 45°=\dfrac{\sqrt{2}}{2}-\dfrac{\sqrt{2}}{2}=0$

5 $\sin 60°\div\cos 30°=\dfrac{\sqrt{3}}{2}\times\dfrac{2}{\sqrt{3}}=1$

6 $2\sqrt{3}\cos 30°+\sqrt{3}\tan 60°+\sin 30°$

　$=2\sqrt{3}\times\dfrac{\sqrt{3}}{2}+\sqrt{3}\times\sqrt{3}+\dfrac{1}{2}=\dfrac{13}{2}$

7 $\sin 60°\times\tan 30°+\sqrt{3}\cos 60°\times\tan 60°$

　$=\dfrac{\sqrt{3}}{2}\times\dfrac{\sqrt{3}}{3}+\sqrt{3}\times\dfrac{1}{2}\times\sqrt{3}=2$

8 $\sqrt{3}\cos 45°\times\tan 30°+\sqrt{6}\sin 60°\times\tan 45°$

　$=\sqrt{3}\times\dfrac{\sqrt{2}}{2}\times\dfrac{\sqrt{3}}{3}+\sqrt{6}\times\dfrac{\sqrt{3}}{2}\times 1$

　$=\dfrac{\sqrt{2}}{2}+\dfrac{3\sqrt{2}}{2}=2\sqrt{2}$

$9\ \dfrac{\tan 45°+\sqrt{2}\sin 45°}{\cos 60°+\sin 30°}=\dfrac{1+\sqrt{2}\times\dfrac{\sqrt{2}}{2}}{\dfrac{1}{2}+\dfrac{1}{2}}=2$

$10\ \dfrac{\cos 45°+\sin 45°}{\tan 60°\times\sin 60°}=\dfrac{\dfrac{\sqrt{2}}{2}+\dfrac{\sqrt{2}}{2}}{\sqrt{3}\times\dfrac{\sqrt{3}}{2}}$

$\qquad\qquad\qquad\qquad=\dfrac{\sqrt{2}}{\dfrac{3}{2}}=\dfrac{2\sqrt{2}}{3}$

C 30°, 45°, 60°의 삼각비의 값을 이용하여 각의 크기 구하기

1 45°	2 30°	3 30°	4 60°
5 45°	6 60°	7 0	8 $\sqrt{2}$
9 $\dfrac{\sqrt{3}}{3}$	10 $\dfrac{\sqrt{3}}{4}$		

$7\ \sin(x+15°)=\dfrac{\sqrt{3}}{2}$에서

$\quad x+15°=60°\qquad\therefore x=45°$

$\quad\therefore \sin 45°-\cos 45°=0$

$8\ \cos(x+15°)=\dfrac{1}{2}$에서 $x+15°=60°$

$\quad\therefore x=45°$

$\quad\therefore 2\cos 45°\times\tan 45°=2\times\dfrac{\sqrt{2}}{2}\times1=\sqrt{2}$

$9\ \tan(2x-30°)=\dfrac{\sqrt{3}}{3}$에서

$\quad 2x-30°=30°\qquad\therefore x=30°$

$\quad\therefore \sin 30°\div\cos 30°=\dfrac{1}{2}\div\dfrac{\sqrt{3}}{2}=\dfrac{\sqrt{3}}{3}$

$10\ \sin(2x-30°)=\dfrac{1}{2}$에서 $2x-30°=30°$

$\quad\therefore x=30°$

$\quad\therefore \sin 30°\times\cos 30°=\dfrac{1}{2}\times\dfrac{\sqrt{3}}{2}=\dfrac{\sqrt{3}}{4}$

D 30°, 45°, 60°의 삼각비의 값을 이용하여 변의 길이 구하기

1 $3\sqrt{2}$	2 2	3 $4\sqrt{6}$	4 $\dfrac{8\sqrt{6}}{3}$
5 $\dfrac{5\sqrt{3}}{2}$	6 $3\sqrt{6}$	7 $8\sqrt{3}-8$	8 $4\sqrt{3}$

$1\ \sin 30°=\dfrac{\overline{\text{AD}}}{6},\ \dfrac{1}{2}=\dfrac{\overline{\text{AD}}}{6}\qquad\therefore \overline{\text{AD}}=3$

$\quad \sin 45°=\dfrac{\overline{\text{AD}}}{x},\ \dfrac{\sqrt{2}}{2}=\dfrac{3}{x}\qquad\therefore x=3\sqrt{2}$

$2\ \sin 45°=\dfrac{\overline{\text{AD}}}{2\sqrt{6}},\ \dfrac{\sqrt{2}}{2}=\dfrac{\overline{\text{AD}}}{2\sqrt{6}}\qquad\therefore \overline{\text{AD}}=2\sqrt{3}$

$\quad \tan 60°=\dfrac{\overline{\text{AD}}}{x},\ \sqrt{3}=\dfrac{2\sqrt{3}}{x}\qquad\therefore x=2$

$3\ \tan 60°=\dfrac{\overline{\text{BC}}}{4},\ \sqrt{3}=\dfrac{\overline{\text{BC}}}{4}\qquad\therefore \overline{\text{BC}}=4\sqrt{3}$

$\quad \sin 45°=\dfrac{\overline{\text{BC}}}{x},\ \dfrac{\sqrt{2}}{2}=\dfrac{4\sqrt{3}}{x}\qquad\therefore x=4\sqrt{6}$

$4\ \sin 45°=\dfrac{\overline{\text{BC}}}{8},\ \dfrac{\sqrt{2}}{2}=\dfrac{\overline{\text{BC}}}{8}\qquad\therefore \overline{\text{BC}}=4\sqrt{2}$

$\quad \cos 30°=\dfrac{\overline{\text{BC}}}{x},\ \dfrac{\sqrt{3}}{2}=\dfrac{4\sqrt{2}}{x}\qquad\therefore x=\dfrac{8\sqrt{6}}{3}$

$5\ \tan 60°=\dfrac{\overline{\text{AC}}}{5},\ \sqrt{3}=\dfrac{\overline{\text{AC}}}{5}\qquad\therefore \overline{\text{AC}}=5\sqrt{3}$

$\quad \sin 30°=\dfrac{x}{\overline{\text{AC}}},\ \dfrac{1}{2}=\dfrac{x}{5\sqrt{3}}\qquad\therefore x=\dfrac{5\sqrt{3}}{2}$

$6\ \cos 30°=\dfrac{\overline{\text{AC}}}{12},\ \dfrac{\sqrt{3}}{2}=\dfrac{\overline{\text{AC}}}{12}\qquad\therefore \overline{\text{AC}}=6\sqrt{3}$

$\quad \sin 45°=\dfrac{x}{\overline{\text{AC}}},\ \dfrac{\sqrt{2}}{2}=\dfrac{x}{6\sqrt{3}}\qquad\therefore x=3\sqrt{6}$

$7\ \tan 60°=\dfrac{\overline{\text{BC}}}{8},\ \sqrt{3}=\dfrac{\overline{\text{BC}}}{8}\qquad\therefore \overline{\text{BC}}=8\sqrt{3}$

$\quad \tan 45°=\dfrac{\overline{\text{DC}}}{8},\ 1=\dfrac{\overline{\text{DC}}}{8}\qquad\therefore \overline{\text{DC}}=8$

$\quad\therefore x=\overline{\text{BC}}-\overline{\text{DC}}=8\sqrt{3}-8$

$8\ \angle\text{BAC}=60°$이므로 $\angle\text{DAC}=30°$, $\angle\text{ADC}=60°$

$\quad \sin 30°=\dfrac{\overline{\text{AC}}}{12},\ \dfrac{1}{2}=\dfrac{\overline{\text{AC}}}{12}\qquad\therefore \overline{\text{AC}}=6$

$\quad \tan 60°=\dfrac{\overline{\text{BC}}}{6},\ \sqrt{3}=\dfrac{\overline{\text{BC}}}{6}\qquad\therefore \overline{\text{BC}}=6\sqrt{3}$

$\quad \tan 30°=\dfrac{\overline{\text{DC}}}{6},\ \dfrac{\sqrt{3}}{3}=\dfrac{\overline{\text{DC}}}{6}\qquad\therefore \overline{\text{DC}}=2\sqrt{3}$

$\quad\therefore x=\overline{\text{BC}}-\overline{\text{DC}}=6\sqrt{3}-2\sqrt{3}=4\sqrt{3}$

거저먹는 시험 문제

1 ④	2 $\dfrac{\sqrt{3}}{6}$	3 ①	4 ②
5 $2\sqrt{7}$	6 ③		

$1\ ④\ \tan 30°\times\sin 60°=\dfrac{\sqrt{3}}{3}\times\dfrac{\sqrt{3}}{2}=\dfrac{1}{2}$

$2\ \dfrac{\cos 60°+\sin 30°}{2\sin 60°+\tan 60°}=\dfrac{\dfrac{1}{2}+\dfrac{1}{2}}{2\times\dfrac{\sqrt{3}}{2}+\sqrt{3}}=\dfrac{\sqrt{3}}{6}$

$3\ \tan(3x-60°)=\dfrac{\sqrt{3}}{3}$에서 $3x-60°=30°\qquad\therefore x=30°$

$\quad\therefore 2\sin 30°-4\sqrt{3}\cos 30°=2\times\dfrac{1}{2}-4\sqrt{3}\times\dfrac{\sqrt{3}}{2}=-5$

$4\ \tan 30°=\dfrac{4}{\overline{\text{BC}}},\ \dfrac{\sqrt{3}}{3}=\dfrac{4}{\overline{\text{BC}}}\qquad\therefore \overline{\text{BC}}=4\sqrt{3}$

$\quad \cos 45°=\dfrac{\overline{\text{AC}}}{\overline{\text{BC}}},\ \dfrac{\sqrt{2}}{2}=\dfrac{\overline{\text{AC}}}{4\sqrt{3}}\qquad\therefore \overline{\text{AC}}=2\sqrt{6}$

5 $\sin 30° = \dfrac{\overline{AC}}{8}$, $\dfrac{1}{2} = \dfrac{\overline{AC}}{8}$ $\therefore \overline{AC} = 4$

  $\overline{BC} = \sqrt{8^2 - 4^2} = 4\sqrt{3}$, $\overline{DC} = 2\sqrt{3}$

    $\therefore \overline{AD} = \sqrt{4^2 + (2\sqrt{3})^2} = 2\sqrt{7}$

6 $\sin 60° = \dfrac{\overline{AC}}{4}$, $\dfrac{\sqrt{3}}{2} = \dfrac{\overline{AC}}{4}$ $\therefore \overline{AC} = 2\sqrt{3}$ (cm)

  $\triangle ABC$에서 $\angle BAC = 60°$

  $\tan 60° = \dfrac{\overline{BC}}{\overline{AC}}$, $\sqrt{3} = \dfrac{\overline{BC}}{2\sqrt{3}}$ $\therefore \overline{BC} = 6$ (cm)

    $\therefore \triangle ABC = \dfrac{1}{2} \times 6 \times 2\sqrt{3} = 6\sqrt{3}$ (cm²)

05 여러 가지 삼각비의 값

A 직선의 기울기와 tan값   39쪽

1 $\dfrac{1}{2}$ 2 3   3 1   4 $\dfrac{3}{2}$

5 45°   6 60°   7 $y = x + 5$

8 $y = \dfrac{\sqrt{3}}{3}x + 2$

---

1 $\tan a$의 값은 직선의 기울기와 같으므로 $\dfrac{1}{2}$이다.

2 $\tan a$의 값은 직선의 기울기와 같으므로 3이다.

3 $x - y + 3 = 0$은 $y = x + 3$이고 $\tan a$의 값은 기울기와 같으므로 1이다.

4 $3x - 2y + 6 = 0$은 $y = \dfrac{3}{2}x + 3$이고 $\tan a$의 값은 기울기와 같으므로 $\dfrac{3}{2}$이다.

5 직선의 기울기가 1이므로 $\tan a = 1$ $\therefore a = 45°$

6 직선의 기울기가 $\sqrt{3}$이므로 $\tan a = \sqrt{3}$

    $\therefore a = 60°$

7 직선의 기울기가 $\tan 45° = 1$이므로 직선의 방정식은 $y = x + 5$이다.

8 직선의 기울기가 $\tan 30° = \dfrac{\sqrt{3}}{3}$이므로

  직선의 방정식은 $y = \dfrac{\sqrt{3}}{3}x + 2$

B 사분원에서 예각에 대한 삼각비의 값   40쪽

1 $\overline{AB}$ 2 $\overline{OB}$ 3 $\overline{CD}$ 4 $\overline{AB}$

5 $\overline{OB}$ 6 0.5736   7 0.7002   8 0.8192

9 1.2799   10 0.6157   11 0.7880

---

1 $\sin x = \dfrac{\overline{AB}}{\overline{OA}} = \dfrac{\overline{AB}}{1} = \overline{AB}$

2 $\cos x = \dfrac{\overline{OB}}{\overline{OA}} = \dfrac{\overline{OB}}{1} = \overline{OB}$

3 $\tan x = \dfrac{\overline{CD}}{\overline{OD}} = \dfrac{\overline{CD}}{1} = \overline{CD}$

4 $\cos y = \dfrac{\overline{AB}}{\overline{OA}} = \dfrac{\overline{AB}}{1} = \overline{AB}$

5 $\sin y = \dfrac{\overline{OB}}{\overline{OA}} = \dfrac{\overline{OB}}{1} = \overline{OB}$

6 $\sin 35° = \dfrac{\overline{AB}}{\overline{OA}} = \dfrac{0.5736}{1} = 0.5736$

7 $\tan 35° = \dfrac{\overline{CD}}{\overline{OD}} = \dfrac{0.7002}{1} = 0.7002$

8 $\cos 35° = \dfrac{\overline{OB}}{\overline{OA}} = \dfrac{0.8192}{1} = 0.8192$

9 $\tan 52° = \dfrac{\overline{CD}}{\overline{OD}} = \dfrac{1.2799}{1} = 1.2799$

10 $\sin 38° = \dfrac{\overline{OB}}{\overline{OA}} = \dfrac{0.6157}{1} = 0.6157$

11 $\cos 38° = \dfrac{\overline{AB}}{\overline{OA}} = \dfrac{0.7880}{1} = 0.7880$

C 0°, 90°의 삼각비의 값   41쪽

1 0   2 0   3 0   4 정할 수 없다.

5 1   6 1   7 $\dfrac{5\sqrt{3}}{6}$ 8 $\sqrt{3} + 1$

9 1   10 0   11 0

---

7 $\sin 90° \times \tan 30° + \cos 0° \times \sin 60°$

  $= 1 \times \dfrac{\sqrt{3}}{3} + 1 \times \dfrac{\sqrt{3}}{2} = \dfrac{5\sqrt{3}}{6}$

8 $2\cos 0° \times \sin 60° + \sqrt{2}\sin 90° \times \cos 45°$

  $= 2 \times 1 \times \dfrac{\sqrt{3}}{2} + \sqrt{2} \times 1 \times \dfrac{\sqrt{2}}{2}$

  $= \sqrt{3} + 1$

9 $\sin 0° \times \tan 0° + \cos 0° \times \sin 90°$

  $= 0 \times 0 + 1 \times 1 = 1$

10 $\cos 0° - \dfrac{\tan 45° + \sin 0°}{\cos 90° + \sin 90°} = 1 - \dfrac{1 + 0}{0 + 1} = 0$

11 $\dfrac{\sin 0° + \tan 60°}{\cos 0° + \tan 0°} - 2\sin 60°$

  $= \dfrac{0 + \sqrt{3}}{1 + 0} - 2 \times \dfrac{\sqrt{3}}{2}$

  $= 0$

D 삼각비의 값의 대소 관계   42쪽

1 <   2 >   3 <   4 <

5 >   6 ○   7 ×   8 ○

9 ×   10 ○

1 $0°≤x<45°$일 때, $\sin x<\cos x$이므로

    $\sin 25°<\cos 25°$

2 $45°<x≤90°$일 때, $\tan x>\sin x$이므로

    $\tan 50°>\sin 50°$

3 $45°<x≤90°$일 때, $\cos x<\sin x$이므로

    $\cos 48°<\sin 75°$

4 $\sin 65°<1<\tan 50°$이므로 $\sin 65°<\tan 50°$

5 $0°≤x<45°$일 때, $\cos x>\sin x$

    $\therefore \cos 10°>\sin 45°$

6 $0°≤A≤90°$일 때, A가 커지면 $\sin A$의 값은 커진다.

7 $0≤A≤45°$일 때, $\cos A≥\sin A$

8 $0°≤A≤90°$일 때, $\cos A$의 최솟값은 $\cos 90°=0$이고 최댓값은 $\cos 0°=1$이다.

9 $0≤A<90°$일 때, $\tan A$의 최솟값은 0이고 최댓값은 정할 수 없다.

10 $45°<A<90°$일 때,

    $\cos A<\sin A<1<\tan A$

E 삼각비의 표를 이용하여 삼각비의 값 구하기   43쪽

1 0.6157	2 0.7771	3 0.7265	4 0.7986
5 0.6293	6 74°	7 72°	8 73°
9 72°	10 75°		

F 삼각비의 표를 이용하여 각의 크기와 변의 길이 구하기

                                             44쪽

1 6947	2 731.4	3 9.004	4 377.35
5 65°	6 66°	7 67°	8 64°

1 $\sin 44°=0.6947=\dfrac{x}{10000}$ $\therefore x=6947$

2 $\cos 43°=0.7314=\dfrac{x}{1000}$ $\therefore x=731.4$

3 $\tan 42°=0.9004=\dfrac{x}{10}$ $\therefore x=9.004$

4 $\angle \mathrm{BAC}=90°-49°=41°$

   $\cos 41°=0.7547=\dfrac{x}{500}$ $\therefore x=377.35$

5 $\sin x=\dfrac{9063}{10000}=0.9063$ $\therefore x=65°$

6 $\cos x=\dfrac{406.7}{1000}=0.4067$ $\therefore x=66°$

7 $\tan x=\dfrac{235.59}{100}=2.3559$ $\therefore x=67°$

8 $\sin x=\dfrac{8.988}{10}=0.8988$ $\therefore x=64°$

1 ①	2 ④	3 1	4 ②, ③
5 ②	6 5.299		

1 직선 $6x-3y+12=0$은 $y=2x+4$이므로

   $\tan a=2$ $\therefore \dfrac{1}{\tan a}=\dfrac{1}{2}$

2 ④ $\overline{\mathrm{AB}} /\!/ \overline{\mathrm{CD}}$이므로 $z=y$

   $\sin z=\sin y=\dfrac{\overline{\mathrm{OB}}}{\overline{\mathrm{OA}}}=\overline{\mathrm{OB}}$

3 $\sqrt{3}\cos 0°\times\tan 30°+\sin 90°\times\cos 90°$

   $=\sqrt{3}\times 1\times\dfrac{\sqrt{3}}{3}+1\times 0=1$

4 ② $0≤x<45°$일 때, $\sin x<\cos x$이므로

   $\sin 28°<\cos 40°$

   ③ $45°≤x<90°$일 때, $\cos x<\sin x$이므로

   $\cos 52°<\sin 65°$

5 $\cos 0°=1$, $\tan 50°>1$, $\sin 40°<\sin 75°$

   $\therefore \sin 40°<\sin 75°<\cos 0°<\tan 50°$

6 $\sin 32°=0.5299=\dfrac{\overline{\mathrm{AC}}}{10}$ $\therefore \overline{\mathrm{AC}}=5.299$

06 삼각비를 이용한 변의 길이 구하기

A 직각삼각형의 변의 길이 구하기   47쪽

1 5.7	2 8.2	3 5.22	4 8
5 $10\sqrt{3}$	6 $3\sqrt{13}$	7 24	8 $9\sqrt{3}\pi$

1 $\overline{\mathrm{AB}}=10\sin 35°=10\times 0.57=5.7$

2 $\overline{\mathrm{BC}}=10\cos 35°=10\times 0.82=8.2$

3 $\overline{\mathrm{AC}}=6\tan 41°=6\times 0.87=5.22$

4 $\overline{\mathrm{AB}}=\dfrac{6}{\cos 41°}=\dfrac{6}{0.75}=8$

5 $\overline{\mathrm{EG}}=\sqrt{8^2+6^2}=10$

   $\overline{\mathrm{CG}}=\overline{\mathrm{EG}}\tan 60°=10\times\sqrt{3}=10\sqrt{3}$

6 $\overline{\mathrm{FG}}=\overline{\mathrm{FC}}\cos 30°=12\times\dfrac{\sqrt{3}}{2}=6\sqrt{3}$

   $\overline{\mathrm{FH}}=\sqrt{(6\sqrt{3})^2+3^2}=3\sqrt{13}$

$7\ \overline{AB}=\overline{AC}\sin 60°=4\times\dfrac{\sqrt3}{2}=2\sqrt3$

$\overline{BC}=\overline{AC}\cos 60°=4\times\dfrac{1}{2}=2$

따라서 삼각기둥의 부피는 $\dfrac{1}{2}\times 2\sqrt3\times 2\times 4\sqrt3=24$

$8\ \overline{AH}=\overline{AB}\sin 60°=6\times\dfrac{\sqrt3}{2}=3\sqrt3$

$\overline{BH}=\overline{AB}\cos 60°=6\times\dfrac{1}{2}=3$

따라서 원뿔의 부피는

$\dfrac{1}{3}\times 3^2\pi\times 3\sqrt3=9\sqrt3\pi$

B 실생활에서 직각삼각형의 변의 길이 구하기   48쪽

1 3.33 m	2 3.71 m	3 5.4 m	4 2.25 m
5 $(12+4\sqrt3)$m		6 $8\sqrt3$ m	7 6 m

---

1 (나무의 높이 $\overline{AC}$)$=3\times\tan 48°=3\times 1.11=3.33$(m)

2 (비탈길의 높이 $\overline{BC}$)$=7\times\sin 32°=7\times 0.53=3.71$(m)

3 (등대의 높이 $\overline{CB}$)$=20\times\tan 15°=20\times 0.27$
$=5.4$(m)

4 (열기구의 높이 $\overline{CA}$)$=5\times\tan 24°=5\times 0.45$
$=2.25$(m)

5 $\overline{BD}=12\times\tan 45°=12$(m)

$\overline{CB}=12\times\tan 30°=12\times\dfrac{\sqrt3}{3}=4\sqrt3$

∴ (빌딩의 높이 $\overline{CD}$)$=(12+4\sqrt3)$ m

6 $\overline{AD}=6\times\tan 60°=6\sqrt3$(m)

$\overline{DC}=6\times\tan 30°=6\times\dfrac{\sqrt3}{3}=2\sqrt3$(m)

∴ (사람이 있는 곳까지의 높이 $\overline{AC}$)$=8\sqrt3$(m)

7 $\overline{AQ}=12\times\sin 60°=6\sqrt3$(m)

∴ (탑의 높이 $\overline{PQ}$)$=6\sqrt3\tan 30°$
$=6$(m)

C 일반 삼각형의 변의 길이 구하기 1   49쪽

1 $\overline{AH}=2\sqrt3$, $\overline{BH}=2$	2 $4\sqrt3$	3 $5\sqrt7$
4 5	5 $5\sqrt{19}$ m	6 $4\sqrt{21}$ m 7 $6\sqrt3$
8 $2\sqrt{13}$		

---

1 $\overline{AH}=4\sin 60°=4\times\dfrac{\sqrt3}{2}=2\sqrt3$

$\overline{BH}=4\cos 60°=4\times\dfrac{1}{2}=2$

2 $\overline{CH}=6$이므로 $\overline{AC}=\sqrt{6^2+(2\sqrt3)^2}=4\sqrt3$

3 점 A에서 $\overline{BC}$에 내린 수선의 발을 H라 하면

$\overline{AH}=10\sin 60°$
$=10\times\dfrac{\sqrt3}{2}=5\sqrt3$

$\overline{BH}=10\cos 60°=10\times\dfrac{1}{2}=5$

$\overline{CH}=15-5=10$ ∴ $\overline{AC}=\sqrt{(5\sqrt3)^2+10^2}=5\sqrt7$

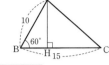

4 점 A에서 $\overline{BC}$에 내린 수선의 발을 H라 하면

$\overline{AH}=4\sqrt2\sin 45°$
$=4\sqrt2\times\dfrac{\sqrt2}{2}=4$

$\overline{BH}=4\sqrt2\cos 45°$
$=4\sqrt2\times\dfrac{\sqrt2}{2}=4$

$\overline{CH}=7-4=3$ ∴ $\overline{AC}=\sqrt{4^2+3^2}=5$

5 점 B에서 $\overline{AC}$에 내린 수선의 발을 H라 하면

$\overline{BH}=40\sin 30°=40\times\dfrac{1}{2}=20$(m)

$\overline{HC}=40\cos 30°=40\times\dfrac{\sqrt3}{2}=20\sqrt3$(m)

$\overline{AH}=5\sqrt3$

∴ $\overline{AB}=\sqrt{(5\sqrt3)^2+20^2}$
$=5\sqrt{19}$(m)

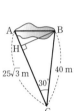

6 점 A에서 $\overline{BC}$에 내린 수선의 발을 H라 하면

$\overline{AH}=16\sin 60°$
$=16\times\dfrac{\sqrt3}{2}=8\sqrt3$(m)

$\overline{CH}=16\cos 60°$
$=16\times\dfrac{1}{2}=8$(m)

$\overline{BH}=20-8=12$

∴ $\overline{AB}=\sqrt{12^2+(8\sqrt3)^2}=4\sqrt{21}$(m)

7 점 A에서 $\overline{BC}$의 연장선에 내린 수선의 발을 H라 하면

$\overline{AH}=6\sin 60°=6\times\dfrac{\sqrt3}{2}=3\sqrt3$

$\overline{HB}=6\cos 60°=6\times\dfrac{1}{2}=3$

$\overline{HC}=\overline{HB}+\overline{BC}=3+6=9$

∴ $\overline{AC}=\sqrt{9^2+(3\sqrt3)^2}=6\sqrt3$

8 점 A에서 $\overline{BC}$의 연장선에 내린 수선의 발을 H라 하면

$\overline{AH}=4\sqrt2\sin 45°$
$=4\sqrt2\times\dfrac{\sqrt2}{2}=4$

$\overline{CH}=4\sqrt2\cos 45°=4\sqrt2\times\dfrac{\sqrt2}{2}=4$

∴ $\overline{BH}=6$

∴ $\overline{AB}=\sqrt{6^2+4^2}=2\sqrt{13}$

D 일반 삼각형의 변의 길이 구하기 2　　50쪽

1 $2\sqrt{6}$	2 $5\sqrt{6}$	3 $2\sqrt{6}$	4 $6\sqrt{6}$
5 $8\sqrt{2}$	6 10	7 $6+6\sqrt{3}$	8 $4\sqrt{3}+4$

1 점 C에서 $\overline{AB}$에 수선의 발을 내려 ∠C를
　 $30°$와 $45°$로 나눈다.

$\overline{CH}=4\sin 60°=4\times\dfrac{\sqrt{3}}{2}=2\sqrt{3}$

$\overline{AC}=\dfrac{2\sqrt{3}}{\cos 45°}=2\sqrt{3}\times\sqrt{2}$
　　$=2\sqrt{6}$

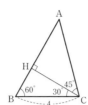

2 점 A에서 $\overline{BC}$에 수선의 발을 내려
　 ∠A를 $30°$와 $45°$로 나눈다.

$\overline{AH}=10\sin 60°=10\times\dfrac{\sqrt{3}}{2}=5\sqrt{3}$

$\overline{AC}=\dfrac{5\sqrt{3}}{\cos 45°}=5\sqrt{3}\times\sqrt{2}=5\sqrt{6}$

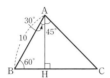

3 점 A에서 $\overline{BC}$에 수선을 그어 ∠A를
　 $30°$와 $45°$로 나눈다.

$\overline{AH}=6\sin 45°=6\times\dfrac{\sqrt{2}}{2}=3\sqrt{2}$

$\overline{AB}=\dfrac{3\sqrt{2}}{\cos 30°}=2\sqrt{6}$

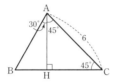

4 점 C에서 $\overline{AB}$에 수선을 그어 ∠C를
　 $30°$와 $45°$로 나눈다.

$\overline{CH}=18\sin 45°$
　　$=18\times\dfrac{\sqrt{2}}{2}=9\sqrt{2}$

$\overline{AC}=\dfrac{9\sqrt{2}}{\cos 30°}=6\sqrt{6}$

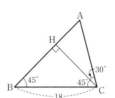

5 점 C에서 $\overline{AB}$에 수선의 발을 내려 ∠C를
　 $60°$와 $45°$로 나눈다.

$\overline{CH}=16\sin 30°=16\times\dfrac{1}{2}=8$

$\overline{AC}=\dfrac{8}{\cos 45°}=8\times\sqrt{2}=8\sqrt{2}$

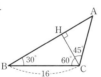

6 점 A에서 $\overline{BC}$에 수선을 그어 ∠A를
　 $45°$와 $60°$로 나눈다.

$\overline{AH}=5\sqrt{2}\sin 45°$

　　$=5\sqrt{2}\times\dfrac{\sqrt{2}}{2}=5$

$\overline{AC}=\dfrac{5}{\cos 60°}=10$

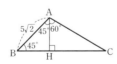

7 점 A에서 $\overline{BC}$에 내린 수선의 발을 H
　 라 하면

$\overline{BH}=12\cos 60°=12\times\dfrac{1}{2}=6$

$\overline{AH}=12\sin 60°=12\times\dfrac{\sqrt{3}}{2}=6\sqrt{3}$

$\overline{HC}=\overline{AH}=6\sqrt{3}$이므로
$\overline{BC}=\overline{BH}+\overline{HC}=6+6\sqrt{3}$

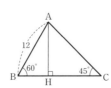

8 점 A에서 $\overline{BC}$에 수선을 그으면

$\overline{BH}=8\cos 30°$
　　$=8\times\dfrac{\sqrt{3}}{2}=4\sqrt{3}$

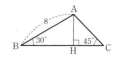

$\overline{AH}=8\sin 30°=8\times\dfrac{1}{2}=4$

$\overline{HC}=\overline{AH}=4$이므로 $\overline{BC}=4\sqrt{3}+4$

E 예각·둔각삼각형의 높이 구하기　　51쪽

1 $3\sqrt{3}-3$	2 $5\sqrt{3}-5$	3 $-2\sqrt{3}+6$	4 $-4\sqrt{3}+12$
5 $2\sqrt{3}$	6 $3\sqrt{3}$	7 $4\sqrt{3}+4$	8 $3+\sqrt{3}$

1 ∠BAH$=60°$, ∠CAH$=45°$
$\overline{BC}=\overline{BH}+\overline{CH}$이므로
$6=h\tan 60°+h\tan 45°$

$\therefore h=\dfrac{6}{\tan 60°+\tan 45°}=3\sqrt{3}-3$

2 ∠BAH$=60°$, ∠CAH$=45°$
$\overline{BC}=\overline{BH}+\overline{CH}$이므로 $10=h\tan 60°+h\tan 45°$

$\therefore h=\dfrac{10}{\tan 60°+\tan 45°}=5\sqrt{3}-5$

3 ∠BAH$=30°$, ∠CAH$=45°$
$\overline{BC}=\overline{BH}+\overline{CH}$이므로 $4=h\tan 30°+h\tan 45°$

$\therefore h=\dfrac{4}{\tan 30°+\tan 45°}=-2\sqrt{3}+6$

4 ∠BAH$=30°$, ∠CAH$=45°$
$\overline{BC}=\overline{BH}+\overline{CH}$이므로 $8=h\tan 30°+h\tan 45°$

$\therefore h=\dfrac{8}{\tan 30°+\tan 45°}=-4\sqrt{3}+12$

5 ∠BAH$=60°$, ∠CAH$=30°$
$\overline{BC}=\overline{BH}-\overline{CH}$이므로
$4=h\tan 60°-h\tan 30°$

$\therefore h=\dfrac{4}{\tan 60°-\tan 30°}=2\sqrt{3}$

6 ∠BAH$=60°$, ∠CAH$=30°$
$\overline{BC}=\overline{BH}-\overline{CH}$이므로 $6=h\tan 60°-h\tan 30°$

$\therefore h=\dfrac{6}{\tan 60°-\tan 30°}=3\sqrt{3}$

7 ∠BAH$=60°$, ∠CAH$=45°$
$\overline{BC}=\overline{BH}-\overline{CH}$이므로 $8=h\tan 60°-h\tan 45°$

$\therefore h=\dfrac{8}{\tan 60°-\tan 45°}=4\sqrt{3}+4$

8 ∠BAH$=45°$, ∠CAH$=30°$
$\overline{BC}=\overline{BH}-\overline{CH}$이므로 $2=h\tan 45°-h\tan 30°$

$\therefore h=\dfrac{2}{\tan 45°-\tan 30°}=3+\sqrt{3}$

1 ③	2 ⑤	3 6 cm	4 $5\sqrt{2}$ cm
5 $(6\sqrt{3}-6)$ m		6 $(6+2\sqrt{3})$ m	

1 $\overline{AC}=7\sin 38°=7\times 0.62=4.34\,(\text{cm})$

2 점 B에서 $\overline{OA}$에 내린 수선의 발을 H라 하면

$$\overline{OH}=20\cos 45°=20\times \frac{\sqrt{2}}{2}$$

$$=10\sqrt{2}\,(\text{cm})$$

$$\therefore \overline{HA}=\overline{OA}-\overline{OH}$$

$$=20-10\sqrt{2}\,(\text{cm})$$

3 점 A에서 $\overline{BC}$에 내린 수선의 발을 H라 하면

$$\overline{AH}=6\sqrt{3}\sin 30°$$

$$=6\sqrt{3}\times \frac{1}{2}=3\sqrt{3}\,(\text{cm})$$

$$\overline{BH}=6\sqrt{3}\cos 30°=6\sqrt{3}\times \frac{\sqrt{3}}{2}=9\,(\text{cm})$$

$$\therefore \overline{CH}=3\text{ cm}$$

$$\therefore \overline{AC}=\sqrt{(3\sqrt{3})^2+3^2}=6\,(\text{cm})$$

4 점 B에서 $\overline{AC}$에 수선을 그어 ∠B를 45°와 60°로 나눈다.

$$\overline{BH}=10\cos 60°=10\times \frac{1}{2}=5\,(\text{cm})$$

$$\overline{AB}=\frac{5}{\cos 45°}=5\sqrt{2}\,(\text{cm})$$

5 점 A에서 $\overline{BC}$에 내린 수선의 발을 H라 하고 $\overline{AH}=h$로 놓으면

∠BAH=60°, ∠CAH=45°

$\overline{BC}=\overline{BH}+\overline{CH}$이므로

$$12=h\tan 60°+h\tan 45°$$

$$\therefore h=\frac{12}{\tan 60°+\tan 45°}=(6\sqrt{3}-6)\text{ m}$$

6 점 O에서 $\overline{AB}$의 연장선에 내린 수선의 발을 H라 하고 $\overline{OH}=h$로 놓으면

∠HOB=45°, ∠HOA=30°

$\overline{AB}=\overline{HB}-\overline{HA}$이므로

$$4=h\tan 45°-h\tan 30°$$

$$\therefore h=\frac{4}{\tan 45°-\tan 30°}$$

$$=(6+2\sqrt{3})\text{ m}$$

07 삼각비를 이용한 도형의 넓이 구하기

A 삼각형의 넓이 구하기　　　　　　54쪽

1 10	2 $27\sqrt{3}$	3 $15\sqrt{2}$	4 3
5 8	6 3	7 30°	8 120°

1 $\triangle ABC=\dfrac{1}{2}\times 5\times 8\times \sin 30°=10$

2 $\triangle ABC=\dfrac{1}{2}\times 9\times 12\times \sin 60°=27\sqrt{3}$

3 $\triangle ABC=\dfrac{1}{2}\times 10\times 6\times \sin(180°-135°)=15\sqrt{2}$

4 $\triangle ABC=\dfrac{1}{2}\times 2\times 6\times \sin(180°-150°)=3$

5 $\triangle ABC=\dfrac{1}{2}\times 5\times \overline{AC}\times \sin(180°-120°)$

$$10\sqrt{3}=\frac{5}{2}\times \overline{AC}\times \frac{\sqrt{3}}{2} \qquad \therefore \overline{AC}=8$$

6 $\triangle ABC=\dfrac{1}{2}\times 4\times \overline{BC}\times \sin 45°$

$$3\sqrt{2}=2\times \overline{BC}\times \frac{\sqrt{2}}{2} \qquad \therefore \overline{BC}=3$$

7 $\triangle ABC=\dfrac{1}{2}\times 9\times 12\times \sin A$

$$27=54\times \sin A,\ \sin A=\frac{1}{2} \qquad \therefore \angle A=30°$$

8 ∠C가 둔각이므로

$$\triangle ABC=\frac{1}{2}\times 3\times 8\times \sin(180°-C)$$

$$6\sqrt{3}=12\times \sin(180°-C)$$

$$\sin(180°-C)=\frac{\sqrt{3}}{2}\text{이므로}$$

$$180°-\angle C=60° \qquad \therefore \angle C=120°$$

B 다각형의 넓이 구하기　　　　　　55쪽

1 $\dfrac{15\sqrt{3}}{2}$	2 $30\sqrt{3}$	3 30	4 $18+15\sqrt{2}$
5 $38\sqrt{2}$	6 36	7 22	8 $4\sqrt{3}+27$

1 $\overline{AB}=6\cos 60°=6\times \dfrac{1}{2}=3$

$$\overline{AC}=6\sin 60°=6\times \frac{\sqrt{3}}{2}=3\sqrt{3}$$

$\therefore \square ABCD=\triangle ABC+\triangle ACD$

$$=\frac{1}{2}\times 6\times 3\times \sin 60°+\frac{1}{2}\times 3\sqrt{3}\times 4\times \sin 30°$$

$$=\frac{15\sqrt{3}}{2}$$

$2\ \overline{BC}=\dfrac{6}{\cos 60°}=12$

$\overline{AC}=12\sin 60°=12\times\dfrac{\sqrt{3}}{2}=6\sqrt{3}$

$\therefore \square ABCD=\triangle ABC+\triangle ACD$

$\qquad =\dfrac{1}{2}\times 6\times 12\times\sin 60°+\dfrac{1}{2}\times 6\sqrt{3}\times 8\times\sin 30°$

$\qquad =30\sqrt{3}$

$3\ \overline{BD}=\dfrac{4\sqrt{2}}{\sin 45°}=8$

$\overline{AD}=\overline{AB}=4\sqrt{2}$

$\therefore \square ABCD=\triangle ABD+\triangle DBC$

$\qquad =\dfrac{1}{2}\times 4\sqrt{2}\times 8\times\sin 45°+\dfrac{1}{2}\times 8\times 7\times\sin 30°$

$\qquad =30$

$4\ \overline{AC}=\dfrac{6}{\sin 45°}=6\sqrt{2}$

$\overline{AB}=\overline{BC}=6$

$\therefore \square ABCD=\triangle ABC+\triangle ACD$

$\qquad =\dfrac{1}{2}\times 6\times 6\sqrt{2}\times\sin 45°$

$\qquad\qquad +\dfrac{1}{2}\times 6\sqrt{2}\times 10\times\sin 30°$

$\qquad =18+15\sqrt{2}$

5 점 D와 점 B를 이으면

$\square ABCD=\triangle ABD+\triangle DBC$

$\qquad =\dfrac{1}{2}\times 3\times 4\times\sin (180°-135°)$

$\qquad\qquad +\dfrac{1}{2}\times 10\times 14\times\sin 45°$

$\qquad =38\sqrt{2}$

6 점 A와 점 C를 이으면

$\square ABCD=\triangle ABC+\triangle ACD$

$\qquad =\dfrac{1}{2}\times 9\times 4\sqrt{3}\times\sin 60°$

$\qquad\qquad +\dfrac{1}{2}\times 2\sqrt{3}\times 6\times\sin (180°-120°)$

$\qquad =36$

7 점 A와 점 C를 이으면

$\square ABCD=\triangle ABC+\triangle ACD$

$\qquad =\dfrac{1}{2}\times 4\sqrt{3}\times 6\times\sin 60°$

$\qquad\qquad +\dfrac{1}{2}\times 4\times 4\times\sin (180°-150°)$

$\qquad =22$

8 점 B와 점 D를 이으면

$\square ABCD=\triangle ABD+\triangle DBC$

$\qquad =\dfrac{1}{2}\times 4\times 4\times\sin (180°-120°)$

$\qquad\qquad +\dfrac{1}{2}\times 9\times 6\sqrt{2}\times\sin 45°$

$\qquad =4\sqrt{3}+27$

C 평행사변형의 넓이 구하기 56쪽

1 $5\sqrt{2}$	2 $27\sqrt{3}$	3 $8\sqrt{2}$	4 18
5 6	6 4	7 30°	8 120°

$1\ \square ABCD=5\times 2\times\sin 45°=5\sqrt{2}$

$2\ \square ABCD=6\times 9\times\sin (180°-120°)=27\sqrt{3}$

$3\ \square ABCD=4\times 4\times\sin 45°=8\sqrt{2}$

$4\ \square ABCD=6\times 6\times\sin (180°-150°)=18$

$5\ \square ABCD=2\sqrt{3}\times\overline{AD}\times\sin (180°-120°)$

$\quad 18=2\sqrt{3}\times\overline{AD}\times\dfrac{\sqrt{3}}{2}\qquad\therefore\overline{AD}=6$

$6\ \square ABCD=\overline{AB}\times\overline{AB}\times\sin 60°$

$\quad 8\sqrt{3}=\overline{AB}\times\overline{AB}\times\dfrac{\sqrt{3}}{2}\qquad\therefore\overline{AB}=4$

$7\ \square ABCD=3\times 8\times\sin B$

$\quad 12=24\times\sin B,\ \sin B=\dfrac{1}{2}\qquad\therefore\angle B=30°$

$8\ \square ABCD=6\times 6\times\sin (180°-C)$

$\quad 18\sqrt{3}=36\times\sin (180°-C)$

$\quad \sin (180°-C)=\dfrac{\sqrt{3}}{2}$

$\quad 180°-\angle C=60°\qquad\therefore\angle C=120°$

D 사각형의 넓이 구하기 57쪽

1 $7\sqrt{3}$	2 12	3 18	4 22
5 18	6 $6\sqrt{2}$	7 8	8 45°

$1\ \square ABCD=\dfrac{1}{2}\times 7\times 4\times\sin 60°=7\sqrt{3}$

$2\ \square ABCD=\dfrac{1}{2}\times 3\sqrt{2}\times 8\times\sin (180°-135°)=12$

$3\ \square ABCD=\dfrac{1}{2}\times 6\times 4\sqrt{3}\times\sin (180°-120°)=18$

$4\ \square ABCD=\dfrac{1}{2}\times 8\times 11\times\sin 30°=22$

$5\ \square ABCD=\dfrac{1}{2}\times 5\sqrt{2}\times\overline{BD}\times\sin 45°$

$\quad 45=\dfrac{1}{2}\times 5\sqrt{2}\times\overline{BD}\times\dfrac{\sqrt{2}}{2}\qquad\therefore\overline{BD}=18$

6 등변사다리꼴의 두 대각선의 길이는 같으므로

$\quad \square ABCD=\dfrac{1}{2}\times\overline{BD}\times\overline{BD}\times\sin (180°-120°)$

$\quad 18\sqrt{3}=\dfrac{1}{2}\times\overline{BD}\times\overline{BD}\times\dfrac{\sqrt{3}}{2}\qquad\therefore\overline{BD}=6\sqrt{2}$

$7\ \square ABCD=\dfrac{1}{2}\times\overline{AC}\times 9\times\sin 90°$

$\quad 36=\dfrac{1}{2}\times\overline{AC}\times 9\qquad\therefore\overline{AC}=8$

$8\ \square ABCD=\dfrac{1}{2}\times 7\times 12\times\sin x$

$\quad 21\sqrt{2}=42\times\sin x,\ \sin x=\dfrac{\sqrt{2}}{2}\qquad\therefore x=45°$

| 1 ③ | 2 150° | 3 ⑤ |
| 4 $\dfrac{15\sqrt{3}}{2}$ cm² | 5 ② | 6 ① |

1 $\triangle ABC = \dfrac{1}{2} \times 6 \times 6\sqrt{3} \times \sin 60° = 27(\text{cm}^2)$

2 $\triangle ABC = \dfrac{1}{2} \times 8 \times 12 \times \sin(180° - C)$

$24 = 48 \times \sin(180° - C)$

$\sin(180° - C) = \dfrac{1}{2}$

$180° - C = 30°$ $\therefore \angle C = 150°$

3 원에 내접하는 정팔각형을 점 O를 꼭지각으로 하는 8개의 이
등변삼각형으로 만들면 한 삼각형의 꼭지각의 크기는 45°
이다.

$\therefore$ (정팔각형의 넓이)$= 8 \times \dfrac{1}{2} \times 4 \times 4 \times \sin 45°$

$\qquad\qquad\qquad\qquad = 32\sqrt{2}(\text{cm}^2)$

4 $\triangle ABP = \dfrac{1}{4}\square ABCD$이므로

$\triangle ABP = \dfrac{1}{4} \times 6 \times 10 \times \sin 60° = \dfrac{15\sqrt{3}}{2}(\text{cm}^2)$

5 $\overline{AC} = \sqrt{(4\sqrt{2})^2 + 4^2} = 4\sqrt{3}$

$\square ABCD = \dfrac{1}{2} \times 4\sqrt{3} \times 13 \times \sin(180° - 120°) = 39$

6 등변사다리꼴은 두 대각선의 길이가 같으므로 $\overline{BD} = \overline{AC}$

$\square ABCD = \dfrac{1}{2} \times \overline{BD}^2 \times \sin(180° - 135°)$

$36\sqrt{2} = \dfrac{1}{2} \times \overline{BD}^2 \times \dfrac{\sqrt{2}}{2}$

$\therefore \overline{BD} = 12$

1 ②	2 ③	3 4	4 ③
5 ③	6 ③	7 ①	8 ④
9 20			

1 $\angle B = 90°$인 직각삼각형 ABC에서

$\sin A = \dfrac{2\sqrt{2}}{3}$이므로

$\overline{AC} = 3$으로 놓으면 $\overline{BC} = 2\sqrt{2}$

$\overline{AB} = \sqrt{3^2 - (2\sqrt{2})^2} = \sqrt{9 - 8} = 1$

$\therefore \cos A = \dfrac{1}{3}$

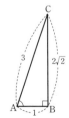

2 $\overline{AC} = \sqrt{\overline{AB}^2 - \overline{BC}^2} = \sqrt{4^2 - 3^2} = \sqrt{7}$

$\therefore \tan B = \dfrac{\overline{AC}}{\overline{BC}} = \dfrac{\sqrt{7}}{3}$

3 $3(\cos 60° + \sin 30°)^2 + \tan 60° \times \tan 30°$

$= 3\left(\dfrac{1}{2} + \dfrac{1}{2}\right)^2 + \sqrt{3} \times \dfrac{\sqrt{3}}{3} = 3 + 1 = 4$

4 $\triangle COD$는 직각삼각형이므로 $\angle OCD = 38°$

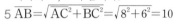

ㄱ. $\cos 52° = \dfrac{\overline{OD}}{\overline{OC}} = \overline{OD}$ (참)

ㄴ. $\tan 52° = \dfrac{\overline{AE}}{\overline{OA}} = \overline{AE}$ (참)

ㄷ. $\sin 38° = \dfrac{\overline{OD}}{\overline{OC}} = \overline{OD}$ (거짓)

따라서 ㄱ, ㄴ이 참이다.

5 $\overline{AB} = \sqrt{\overline{AC}^2 + \overline{BC}^2} = \sqrt{8^2 + 6^2} = 10$

$\therefore \sin A = \dfrac{3}{5},\ \sin B = \dfrac{4}{5}$

$\therefore \sin A + \sin B = \dfrac{3}{5} + \dfrac{4}{5} = \dfrac{7}{5}$

6 $\angle CBA = \angle CDE = x°$이고 $\overline{BC} = \sqrt{8^2 + 6^2} = 10$

$\therefore \sin x° = \dfrac{3}{5}$

7 $\triangle ABC$에서 $\overline{AH} : \overline{HB} = 3 : 2$이므로

$\overline{AH} = 3k, \overline{HB} = 2k$로 놓으면

$\overline{AC} = \overline{AB} = \overline{AH} + \overline{HB} = 5k$

$\overline{AC}^2 = \overline{AH}^2 + \overline{HC}^2$이므로 $(5k)^2 = (3k)^2 + \overline{HC}^2$

$\therefore \overline{HC} = 4k$

$\triangle BCH$에서 $\tan B = \dfrac{\overline{HC}}{\overline{BH}} = \dfrac{4k}{2k} = 2$

8 $\overline{AH} = h$로 놓으면

$\angle BAH = 45°, \angle CAH = 30°$

$\overline{BC} = \overline{BH} + \overline{CH}$이므로

$200 = h\tan 45° + h\tan 30°$

$\therefore h = \dfrac{200}{\tan 45° + \tan 30°}$

$\qquad = 100(3 - \sqrt{3})\text{m}$

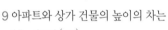

9 아파트와 상가 건물의 높이의 차는

$15 - 6 = 9(\text{m})$

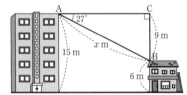

$\angle ACB = 90°$인 직각삼각형 ABC에 대하여

$\sin 27° = \dfrac{9}{x} = 0.45$이므로 $x = \dfrac{9}{0.45} = 20$

따라서 A 지점에서 B 지점까지의 직선거리는 20m이다.

08 원의 중심과 현

A 원의 중심과 현의 수직이등분선 1

63쪽

1 3	2 10	3 5	4 12
5 $\dfrac{29}{4}$	6 $\dfrac{25}{3}$	7 16	8 $8\sqrt{2}$

1 $\overline{AM}=\overline{BM}$이므로 $x=3$

2 $\overline{AM}=\overline{BM}$이므로 $x=10$

3 $\overline{AM}=\dfrac{1}{2}\overline{AB}=3$이므로 $x=\sqrt{4^2+3^2}=5$

4 $\dfrac{x}{2}=\sqrt{(2\sqrt{10})^2-2^2}=6$이므로 $x=12$

5 $\overline{OM}=x-2$, $\overline{MB}=5$이므로

  $x^2=(x-2)^2+5^2$, $x^2=x^2-4x+4+25$ $\quad\therefore x=\dfrac{29}{4}$

6 $\overline{OM}=x-6$, $\overline{MA}=\overline{MB}=\sqrt{10^2-6^2}=8$이므로

  $x^2=(x-6)^2+8^2$, $x^2=x^2-12x+36+64$

  $\therefore x=\dfrac{25}{3}$

7 $\overline{OM}=6$, $\overline{AM}=\dfrac{x}{2}$이므로

  $10^2=\left(\dfrac{x}{2}\right)^2+6^2$ $\quad\therefore x=16$

8 점 O와 점 A를 이으면 $\overline{OA}=\overline{OD}=9$이므로

  $\overline{OM}=7$, $\overline{AM}=\dfrac{x}{2}$

  $9^2=\left(\dfrac{x}{2}\right)^2+7^2$ $\quad\therefore x=8\sqrt{2}$

B 원의 중심과 현의 수직이등분선 2

64쪽

1 6	2 5	3 4	4 8
5 $2\sqrt{3}$	6 6	7 $8\sqrt{3}$	8 $12\sqrt{3}$

1 오른쪽 그림과 같이 반지름의 길이를 r라
  하면
  $r^2=(r-4)^2+(4\sqrt{2})^2$
  $r^2=r^2-8r+16+32$
  $\therefore r=6$

2 오른쪽 그림과 같이 반지름의 길이를 r라
  하면
  $r^2=(r-2)^2+4^2$
  $r^2=r^2-4r+4+16$
  $\therefore r=5$

3 오른쪽 그림에서
  $10^2=8^2+(10-x)^2$
  $x^2-20x+64=0$

$(x-4)(x-16)=0$
$\therefore x=4$ 또는 $x=16$, $x<10$이므로 $x=4$

4 오른쪽 그림에서
  $13^2=12^2+(13-x)^2$
  $x^2-26x+144=0$
  $(x-8)(x-18)=0$
  $\therefore x=8$ 또는 $x=18$, $x<13$이므로 $x=8$

5 오른쪽 그림에서
  $r^2=3^2+\left(\dfrac{r}{2}\right)^2$, $\dfrac{3}{4}r^2=9$
  $\therefore r=2\sqrt{3}$

6 오른쪽 그림에서
  $r^2=(3\sqrt{3})^2+\left(\dfrac{r}{2}\right)^2$
  $\dfrac{3}{4}r^2=27$ $\quad\therefore r=6$

7 오른쪽 그림에서
  $8^2=4^2+\left(\dfrac{x}{2}\right)^2$, $\dfrac{x^2}{4}=48$
  $x^2=192$
  $\therefore x=8\sqrt{3}$

8 오른쪽 그림에서
  $12^2=6^2+\left(\dfrac{x}{2}\right)^2$, $\dfrac{x^2}{4}=108$
  $x^2=432$ $\quad\therefore x=12\sqrt{3}$

C 원의 중심과 현의 길이

65쪽

1 10	2 3	3 8	4 $2\sqrt{13}$
5 $70°$	6 $50°$	7 7	8 12

4 $\overline{AB}=\overline{CD}=12$이므로 $\overline{AM}=6$
  $\triangle AOM$에서 $x=\sqrt{6^2+4^2}=2\sqrt{13}$

5 $\overline{AB}=\overline{AC}$이므로 $\triangle ABC$는 이등변삼각형이다.
  $\therefore \angle x=\dfrac{1}{2}\times(180°-40°)=70°$

6 $\overline{AB}=\overline{AC}$이므로 $\triangle ABC$는 이등변삼각형이다.
  $\therefore \angle x=180°-65°\times2=50°$

7 $\angle BAC=60°$, $\overline{AB}=\overline{AC}$이므로 $\triangle ABC$는 정삼각형이다.
  $\therefore x=7$

8 $\angle MON=120°$이므로 $\angle BAC=60°$
  $\overline{AB}=\overline{AC}$이므로 $\triangle ABC$는 정삼각형이다.
  $\therefore x=2\times6=12$

D 원의 접선의 성질 1　　　　　　　　　　　　66쪽

| 1 80° | 2 130° | 3 72° | 4 60° |
| 5 4π | 6 3π | 7 48π | 8 40π |

1 $\angle PAO = \angle PBO = 90°$　　$\therefore \angle x + 100° = 180°$
　$\therefore \angle x = 80°$

2 $\angle PAO = \angle PBO = 90°$
　$\therefore \angle x + 50° = 180°$
　$\therefore \angle x = 130°$

3 $\overline{PA} = \overline{PB}$이므로 $\dfrac{1}{2} \times (180° - 36°) = 72°$

4 $\overline{PA} = \overline{PB}$이므로 $\dfrac{1}{2} \times (180° - 60°) = 60°$

5 $\angle AOB = 180° - 60° = 120°$이므로
　$(\widehat{AB}$의 길이$) = 2\pi \times 6 \times \dfrac{120}{360} = 4\pi$

6 $\angle AOB = 180° - 45° = 135°$이므로
　$(\widehat{AB}$의 길이$) = 2\pi \times 4 \times \dfrac{135}{360} = 3\pi$

7 $\angle AOB = 180° - 60° = 120°$이므로
　(색칠한 부분의 넓이)$= 12^2 \times \pi \times \dfrac{120}{360} = 48\pi$

8 $\angle AOB = 180° - 45° = 135°$이므로
　(색칠한 부분의 넓이)
　$= 8^2 \times \pi \times \dfrac{360 - 135}{360} = 40\pi$

E 원의 접선의 성질 2　　　　　　　　　　　　67쪽

| 1 $2\sqrt{5}$ | 2 $4\sqrt{2}$ | 3 $16\sqrt{2}$ | 4 $9\sqrt{5}$ |
| 5 $3\sqrt{3}$ | 6 $5\sqrt{3}$ | 7 $\dfrac{12\sqrt{5}}{5}$ | 8 $4\sqrt{5}$ |

1 $\angle OAP = 90°$이므로 $x = \sqrt{6^2 - 4^2} = 2\sqrt{5}$

2 $\angle OAP = 90°$이므로 $x = \sqrt{9^2 - 7^2} = 4\sqrt{2}$

3 $\angle OAP = 90°$이므로 $\overline{PA} = \sqrt{12^2 - 4^2} = 8\sqrt{2}$
　$\therefore \triangle APO = \dfrac{1}{2} \times 8\sqrt{2} \times 4 = 16\sqrt{2}$

4 $\angle OAP = 90°$이므로 $\overline{PA} = \sqrt{9^2 - 6^2} = 3\sqrt{5}$
　$\therefore \triangle AOP = \dfrac{1}{2} \times 3\sqrt{5} \times 6 = 9\sqrt{5}$

5 점 O와 점 P를 이으면 $\angle AOP = 60°$
　$\therefore x = 3 \tan 60° = 3\sqrt{3}$

6 점 O와 점 P를 이으면 $\angle APO = 30°$
　$\therefore x = \dfrac{5}{\tan 30°} = 5\sqrt{3}$

7 $\overline{AP} \times \overline{AO} = \overline{PO} \times \overline{AH}$, $\overline{PO} = \sqrt{6^2 + 3^2} = 3\sqrt{5}$에서
　$6 \times 3 = 3\sqrt{5} \times \dfrac{x}{2}$　　$\therefore x = \dfrac{12\sqrt{5}}{5}$

8 $\overline{AP} \times \overline{AO} = \overline{PO} \times \overline{AH}$, $\overline{PO} = \sqrt{10^2 + 5^2} = 5\sqrt{5}$에서
　$10 \times 5 = 5\sqrt{5} \times \dfrac{x}{2}$　　$\therefore x = 4\sqrt{5}$

거저먹는 시험 문제　　　　　　　　　　　　68쪽

| 1 ⑤ | 2 ② | 3 8 cm | 4 52° |
| 5 ⑤ | 6 25π cm² | | |

1 점 A와 점 O를 잇고
　$\overline{AB} = x$라 하면 $\overline{AM} = \dfrac{x}{2}$
　$\overline{OA} = 4$cm이므로 $\overline{OM} = 2$cm
　$\therefore 4^2 = \left(\dfrac{x}{2}\right)^2 + 2^2$, $x = 4\sqrt{3}$(cm)

2 $\overline{AB} = \overline{AC} = \overline{BC}$이므로 $\triangle ABC$는 정삼각형이다.
　$\angle BAC = 60°$이므로 $\angle BAE = 30°$, $\overline{AD} = 3$ cm
　$\therefore \overline{AO} = \dfrac{3}{\cos 30°} = 2\sqrt{3}$(cm)
　따라서 원 O의 둘레의 길이는 $4\sqrt{3}\pi$ cm이다.

3 반지름의 길이를 r라 하면

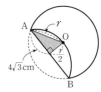

　$r^2 = \left(\dfrac{r}{2}\right)^2 + (4\sqrt{3})^2$
　$\therefore r = 8$(cm)

4 $\angle CBP = 90°$이므로 $\angle ABP = 64°$
　$\therefore \angle x = 180° - 64° \times 2 = 52°$

5 $\angle OTP = 90°$이므로 반지름의 길이를 r cm라 하면
　$(r + 3)^2 = r^2 + 9^2$, $6r = 72$　　$\therefore r = 12$(cm)
　따라서 원의 넓이는 144π cm²이다.

6 $\angle PAO = \angle PBO = 90°$이므로
　$\angle AOB + 60° = 180°$　　$\therefore \angle AOB = 120°$
　$\therefore$ (색칠한 부분의 넓이)
　$= (5\sqrt{3})^2 \pi \times \dfrac{120}{360} = 25\pi$(cm²)

09 원의 접선의 활용

A 원의 접선의 활용　　　　　　　　　　　　70쪽

| 1 7 | 2 12 | 3 2 | 4 3.3 |
| 5 8 | 6 7 | 7 24 | 8 16 |

1 $\overline{AE}=\dfrac{1}{2}\times(\triangle ABC$의 둘레의 길이$)$

　　　$=\dfrac{1}{2}\times(6+5+3)=7$

2 $\overline{AF}=\dfrac{1}{2}\times(\triangle ABC$의 둘레의 길이$)$

　　　$=\dfrac{1}{2}\times(9+5+10)=12$

3 $\overline{AE}=\overline{AF}=10$

　$\therefore \overline{CE}=\overline{AE}-\overline{AC}=10-8=2$

4 $\overline{AE}=\overline{AF}=7.5$

　$\overline{CE}=\overline{AE}-\overline{AC}=7.5-4.2=3.3$

5 $\overline{AF}=\overline{AE}=13,\ \overline{BF}=\overline{AF}-\overline{AB}=13-10=3$

　$\overline{DB}=\overline{BF}=3,\ \overline{CD}=\overline{CE}=5$　　$\therefore \overline{BC}=5+3=8$

6 $\overline{AE}=\overline{AF}=16,\ \overline{CE}=\overline{AE}-\overline{AC}=5$

　$\overline{DB}=\overline{BF}=2,\ \overline{CD}=\overline{CE}=5$　　$\therefore \overline{BC}=5+2=7$

7 $\overline{AE}=\overline{AF}=\sqrt{13^2-5^2}=12$

　$\therefore (\triangle ABC$의 둘레의 길이$)=2\overline{AE}=24$

8 $\overline{AF}=\overline{AE}=\sqrt{10^2-6^2}=8$

　$\therefore (\triangle ABC$의 둘레의 길이$)=2\overline{AE}=16$

B 반원에서의 접선의 길이　　　　　　　71쪽

1 8	2 $4\sqrt{6}$	3 40	4 32
5 90	6 $45\sqrt{6}$	7 $6\sqrt{2}$	8 $13\sqrt{10}$

1 점 C에서 $\overline{AD}$에 내린 수선의 발을 F라

　하면 $\overline{DF}=8-2=6$

　$\overline{DC}=\overline{DE}+\overline{EC}=\overline{DA}+\overline{BC}$

　　　$=10$

　$\therefore \overline{AB}=\overline{CF}=\sqrt{10^2-6^2}=8$

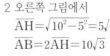

2 점 D에서 $\overline{BC}$에 수선을 그으면

　$\overline{FC}=6-4=2$

　$\overline{DC}=\overline{DE}+\overline{EC}=\overline{DA}+\overline{BC}$

　　　$=10$

　$\therefore \overline{AB}=\overline{DF}=\sqrt{10^2-2^2}=4\sqrt{6}$

3 $\overline{AD}=\overline{DE},\ \overline{EC}=\overline{BC}$

　$\therefore \overline{AD}+\overline{BC}=15$

　따라서 $\square ABCD$의 둘레의 길이는 $15\times 2+10=40$이다.

4 $\overline{AD}=\overline{DE},\ \overline{EC}=\overline{BC}$　　$\therefore \overline{AD}+\overline{BC}=12$

　따라서 $\square ABCD$의 둘레의 길이는 $12\times 2+8=32$이다.

5 점 D에서 $\overline{BC}$에 내린 수선의 발을 F라 하면

　$\overline{CF}=12-3=9$

　$\overline{DC}=\overline{DE}+\overline{EC}=\overline{DA}+\overline{BC}=15$

　$\overline{DF}=\sqrt{15^2-9^2}=12$

　$\therefore \square ABCD=\dfrac{1}{2}\times 12\times(3+12)=90$

6 점 C에서 $\overline{DA}$에 수선을 그으면

　$\overline{DF}=9-6=3$

　$\overline{DC}=\overline{DE}+\overline{EC}=\overline{DA}+\overline{BC}$

　　　$=15$

　$\therefore \overline{FC}=\sqrt{15^2-3^2}=6\sqrt{6}$

　$\therefore \square ABCD=\dfrac{1}{2}\times 6\sqrt{6}\times(9+6)=45\sqrt{6}$

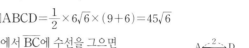

7 점 D에서 $\overline{BC}$에 수선을 그으면

　$\overline{FC}=4-2=2$

　$\overline{DC}=\overline{DE}+\overline{EC}=\overline{DA}+\overline{BC}=6$

　$\therefore \overline{DF}=\sqrt{6^2-2^2}=4\sqrt{2}$

　$\triangle DOC=\dfrac{1}{2}\times\square ABCD$

　　　$=\dfrac{1}{2}\times\dfrac{1}{2}\times 4\sqrt{2}\times(2+4)=6\sqrt{2}$

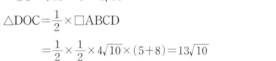

8 점 D에서 $\overline{BC}$에 수선을 그으면

　$\overline{FC}=8-5=3$

　$\overline{DC}=\overline{DE}+\overline{EC}=\overline{DA}+\overline{BC}=13$

　$\therefore \overline{DF}=\sqrt{13^2-3^2}=4\sqrt{10}$

　$\triangle DOC=\dfrac{1}{2}\times\square ABCD$

　　　$=\dfrac{1}{2}\times\dfrac{1}{2}\times 4\sqrt{10}\times(5+8)=13\sqrt{10}$

C 중심이 같은 원에서의 접선의 활용　　　72쪽

1 $4\sqrt{5}$	2 $10\sqrt{3}$	3 8	4 $12\sqrt{2}$
5 20π	6 36π	7 25π	8 36π

1 오른쪽 그림에서

　$\overline{AH}=\sqrt{6^2-4^2}=2\sqrt{5}$

　$\overline{AB}=2\overline{AH}=4\sqrt{5}$

2 오른쪽 그림에서

　$\overline{AH}=\sqrt{10^2-5^2}=5\sqrt{3}$

　$\overline{AB}=2\overline{AH}=10\sqrt{3}$

3 점 A와 점 O를 이으면

　$\overline{AO}=5$이므로 $\overline{AC}=\sqrt{5^2-3^2}=4$

　$\therefore \overline{AB}=2\overline{AC}=8$

4 점 A와 점 O를 이으면

　$\overline{AO}=9$이므로 $\overline{AD}=\sqrt{9^2-3^2}=6\sqrt{2}$

　$\therefore \overline{AB}=2\overline{AD}=12\sqrt{2}$

5 (색칠한 부분의 반지름의 길이)

　　$=\sqrt{6^2-4^2}=2\sqrt{5}$

　$\therefore$ (색칠한 부분의 넓이)$=20\pi$

6 (색칠한 부분의 반지름의 길이)
  $=\sqrt{10^2-8^2}=6$
  ∴ (색칠한 부분의 넓이)$=36\pi$
7 큰 원의 반지름의 길이를 R, 작은 원의
  반지름의 길이를 r라 하면
  $R^2-r^2=5^2$
  색칠한 부분의 넓이는
  $R^2\pi-r^2\pi=(R^2-r^2)\pi=25\pi$

8 큰 원의 반지름의 길이를 R, 작은 원의 반
  지름의 길이를 r라 하면
  $R^2-r^2=6^2$
  색칠한 부분의 넓이는
  $R^2\pi-r^2\pi=(R^2-r^2)\pi=36\pi$

D 삼각형의 내접원   73쪽

1 11	2 13	3 10	4 9
5 5	6 $\frac{11}{2}$	7 1	8 2

1 $x+y+z=\frac{1}{2}\times(5+7+10)=11$
2 $x=2$, $\overline{BE}=z$ ∴ $y+z=11$
  ∴ $x+y+z=13$
3 $\overline{BE}=\overline{BD}=4$, $\overline{EC}=\overline{FC}=14-8=6$ ∴ $x=10$
4 $\overline{BE}=\overline{BD}=10-4=6$
  $\overline{EC}=\overline{FC}=7-4=3$ ∴ $x=9$
5 $\overline{BD}=\overline{BE}=13-x$, $\overline{AD}=\overline{AF}=7-x$이므로
  $13-x+7-x=10$ ∴ $x=5$
6 $\overline{FC}=\overline{EC}=18-x$, $\overline{AF}=\overline{AD}=15-x$
  ∴ $15-x+18-x=22$, $x=\frac{11}{2}$
7 $\overline{AB}=\sqrt{5^2-4^2}=3$
  원 O의 반지름의 길이를 r라 하면
  $\overline{BE}=\overline{BD}=r$, $\overline{FC}=\overline{EC}=4-r$, $\overline{AF}=\overline{AD}=3-r$이므로
  $4-r+3-r=5$ ∴ $r=1$
8 $\overline{AB}=\sqrt{12^2+5^2}=13$
  원 O의 반지름의 길이를 r라 하면
  $\overline{EC}=\overline{FC}=r$, $\overline{BD}=\overline{BE}=5-r$, $\overline{AD}=\overline{AF}=12-r$
  ∴ $5-r+12-r=13$, $r=2$

E 원에 외접하는 사각형의 성질   74쪽

1 11	2 7	3 10	4 12
5 $\frac{5}{2}$	6 5	7 6	8 10

1 $8+8=5+x$ ∴ $x=11$
2 $10+x=4+13$ ∴ $x=7$
3 $\overline{BC}=\sqrt{(4\sqrt{13})^2-8^2}=12$
  $6+12=8+x$ ∴ $x=10$
4 $\overline{BC}=\sqrt{(5\sqrt{13})^2-10^2}=15$
  $10+x=7+15$ ∴ $x=12$
5 $x+2=\overline{ED}+3$, $\overline{ED}=x-1$이므로
  $\overline{AE}=3-(x-1)=4-x$
  $\triangle ABE$에서 $(4-x)^2+2^2=x^2$ ∴ $x=\frac{5}{2}$
6 $4+x=6+\overline{BE}$, $\overline{BE}=x-2$
  ∴ $\overline{EC}=6-(x-2)=8-x$
  $\triangle DEC$에서 $(8-x)^2+4^2=x^2$ ∴ $x=5$
7 $\overline{EC}=\sqrt{10^2-8^2}=6$ ∴ $\overline{AD}=x+6$
  $x+6+x=8+10$, $2x=12$ ∴ $x=6$
8 $\overline{AE}=\sqrt{13^2-12^2}=5$ ∴ $\overline{BC}=x+5$
  $13+12=x+x+5$, $2x=20$ ∴ $x=10$

거저먹는 시험 문제   75쪽

1 ②, ④	2 90°	3 14π	4 ③
5 6π cm	6 ③		

2 점 O와 점 E를 이으면
  $\triangle AOC \equiv \triangle EOC$이므로 $\angle AOC = \angle EOC$
  $\triangle BOD \equiv \triangle EOD$이므로 $\angle BOD = \angle EOD$
  $\angle AOC + \angle EOC + \angle BOD + \angle EOD = 180°$
  ∴ $\angle COD = \angle EOC + \angle EOD = 90°$
3 점 C에서 $\overline{BD}$에 수선을 그으면
  $\overline{FD}=7-4=3$
  $\overline{CD}=\overline{CE}+\overline{DE}=\overline{CA}+\overline{DB}=11$
  ∴ $\overline{AB}=\overline{CF}=\sqrt{11^2-3^2}=4\sqrt{7}$
  따라서 반지름의 길이가 $2\sqrt{7}$인 반원의 넓
  이는 14π이다.

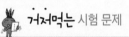

4 $2\times(\overline{AD}+7+5)=30(cm)$ ∴ $\overline{AD}=3cm$
5 원 O의 반지름의 길이를 r라 하면
  $\overline{AC}=6+r$, $\overline{BC}=9+r$
  $\triangle ABC$에서 $15^2=(6+r)^2+(9+r)^2$
  $r^2+15r-54=0$, $(r+18)(r-3)=0$
  ∴ $r=3(cm)$
  따라서 원 O의 둘레의 길이는 6π cm이다.
6 원 O와 $\overline{BC}$가 만나는 접점을 G라 하자.
  $\overline{ED}=\overline{DF}=x$라 하면 $\overline{FC}=\overline{GC}=12-x$이므로
  $\overline{BC}=6+12-x$, $14=18-x$
  ∴ $x=4(cm)$

10 원주각의 크기

A 원주각과 중심각의 크기 1 77쪽

1 $65°$	2 $30°$	3 $70°$	4 $70°$

5 $\angle x=90°$, $\angle y=45°$ 6 $\angle x=28°$, $\angle y=42°$

7 $\angle x=84°$, $\angle y=192°$ 8 $\angle x=144°$, $\angle y=108°$

---

1 $\dfrac{1}{2}\times130°=65°$

2 $\dfrac{1}{2}\times60°=30°$

3 $2\times35°=70°$

4 $\overparen{AB}$에 대한 중심각은 $360°-220°=140°$

  $\therefore \angle x=\dfrac{1}{2}\times140°=70°$

5 $\angle x=2\times45°=90°$, $\angle y=45°$

6 $\angle x=\angle APB=28°$, $\angle y=\angle PBQ=42°$

7 $\angle y=2\angle AQB=192°$, $\angle x=\dfrac{1}{2}(360°-192°)=84°$

8 $\angle x=2\angle APB=144°$,

  $\angle y=\dfrac{1}{2}\times(360°-144°)=108°$

B 원주각과 중심각의 크기 2 78쪽

1 $122°$	2 $76°$	3 $78°$	4 $68°$
5 $42°$	6 $67°$	7 $52°$	8 $71°$

---

1 점 O와 점 B를 이으면

  $\angle AOB=2\times33°=66°$, $\angle BOC=2\times28°=56°$

  $\therefore \angle x=66°+56°=122°$

2 점 O와 점 B를 이으면

  $\angle AOB=2\times15°=30°$, $\angle BOC=2\times23°=46°$

  $\therefore \angle x=30°+46°=76°$

3 점 O와 점 A를 이으면

  $\angle AOC=2\times65°=130°$, $\angle AOB=2\times26°=52°$

  $\therefore \angle x=130°-52°=78°$

4 점 O와 점 C를 이으면

  $\angle AOC=2\times62°=124°$, $\angle BOC=2\times28°=56°$

  $\therefore \angle x=124°-56°=68°$

5 $\angle ABC=\dfrac{1}{2}(360°-140°)=110°$

  $\therefore \angle x=360°-(110°+68°+140°)=42°$

6 $\angle ABC=\dfrac{1}{2}\times(360°-96°)=132°$

  $\therefore \angle x=360°-(132°+65°+96°)=67°$

7 두 점 A, O를 잇고 두 점 B, O를 이으면

  $\angle AOB=2\angle x$

  $\angle PAO=\angle PBO=90°$

  □PBOA에서 $76°+2\angle x=180°$

  $\therefore \angle x=52°$

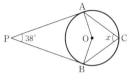

8 두 점 A, O를 잇고 두 점 B, O를 이으면

  $\angle AOB=2\angle x$

  $\angle PAO=\angle PBO=90°$

  □PBOA에서

  $38°+2\angle x=180°$ $\therefore \angle x=71°$

C 한 호에 대한 원주각의 크기 79쪽

1 $59°$	2 $64°$	3 $37°$	4 $11°$

5 $\angle x=52°$, $\angle y=38°$ 6 $\angle x=24°$, $\angle y=42°$

7 $48°$ 8 $53°$

---

1 점 B와 점 E를 이으면 $\angle x=33°+26°=59°$

2 점 B와 점 F를 이으면 $\angle x=23°+41°=64°$

3 △BPC에서 $\angle BCP=80°-43°=37°$

  $\therefore \angle x=\angle BCD=37°$

4 △BPC에서 $\angle BCP=47°-36°=11°$

  $\therefore \angle x=\angle BCD=11°$

5 $\angle y=38°$, $\angle x=90°-\angle y=52°$

6 $\angle y=42°$, $\angle x=66°-42°=24°$

7 $\angle BDC=\angle BAC=67°$

  $\angle ACB=\angle ADB=36°$

  △DBC에서 $67°+\angle x+36°+29°=180°$ $\therefore \angle x=48°$

8 $\angle ADB=\angle ACB=32°$

  $\angle ACD=\angle ABD=41°$

  △DAC에서 $\angle x+41°+54°+32°=180°$

  $\therefore \angle x=53°$

D 반원에 대한 원주각의 크기 80쪽

1 $52°$	2 $67°$	3 $28°$	4 $33°$

5 $\angle x=63°$, $\angle y=39°$ 6 $\angle x=30°$, $\angle y=54°$

7 $66°$ 8 $62°$

---

1 $\angle BAC=90°$이므로 $\angle x=90°-38°=52°$

2 $\angle BCD=90°$, $\angle BDC=\angle x$이므로 $\angle x=90°-23°=67°$

3 $\angle BCD=90°$, $\angle BDC=62°$이므로 $\angle x=90°-62°=28°$

4 $\angle BCD=90°$, $\angle ACD=57°$이므로 $\angle x=90°-57°=33°$

5 $\angle DAB=90°$이므로

  $\angle x=\angle DAC=90°-27°=63°$

$\angle ABD=78°-27°=51°$

$\triangle ABD$에서 $\angle y+51°+90°=180°$이므로 $\angle y=39°$

6 $\angle ABC=90°$이므로 $\angle DBC=90°-60°=30°$

$\angle x=\angle DBC=30°$

$\angle y+\angle DBC=84°$이므로 $\angle y=54°$

7 점 C와 점 B를 이으면

$\angle ACB=90°$, $\angle CBD=\dfrac{\angle x}{2}$

$\triangle PCB$에서

$90°+57°+\dfrac{\angle x}{2}=180°$

$\therefore \angle x=66°$

8 점 C와 점 B를 이으면

$\angle ACB=90°$, $\angle CBD=28°$

$\triangle PCB$에서

$90°+28°+\angle x=180°$

$\therefore \angle x=62°$

거저먹는 시험 문제   81쪽

1 ①   2 ②   3 111°   4 ③

5 ⑤   6 54°

1 $\angle BOC=2\times67°=134°$

$\triangle OBC$는 이등변삼각형이므로

$\angle x=\dfrac{1}{2}\times(180°-134°)=23°$

2 $\angle AOC=38°+26°=64°$

$\triangle OAB$는 이등변삼각형이므로

$2\angle x=64°$ $\therefore \angle x=32°$

3 두 점 A와 O, 두 점 B와 O를 이으면

$\angle AOB=180°-42°=138°$

$\angle x=\dfrac{1}{2}(360°-138°)=111°$

4 $\angle x=18°$, $\angle BAC=\angle BDC=42°$

$\triangle ABC$에서 $18°+64°+42°+\angle y=180°$

$\therefore \angle y=56°$

$\therefore \angle y-\angle x=56°-18°=38°$

5 점 C와 점 B를 이으면

$\angle ACB=90°$이므로

$\angle DCB=47°$

$\therefore \angle x=47°$

6 $\angle EAD=\angle EBD=36°$

$\angle ADE=\angle x$, $\angle AED=90°$이므로

$\triangle ADE$에서 $36°+\angle x+90°=180°$ $\therefore \angle x=54°$

---

11 원주각의 크기와 호의 길이

A 원주각의 성질과 삼각비   83쪽

1 $\dfrac{4}{5}$ 2 $\dfrac{2}{3}$ 3 $\dfrac{\sqrt{3}}{2}$ 4 $\dfrac{5}{7}$

5 $9+3\sqrt{3}$ 6 $21+7\sqrt{3}$ 7 6   8 8

---

1 $\overline{AB}=10$, $\overline{AC}=\sqrt{10^2-6^2}=8$

$\therefore \cos A=\dfrac{8}{10}=\dfrac{4}{5}$

2 $\overline{BO}$를 연장하여 원과 만나는 점을 A′이라 하고 점 A′과 점 C를 이으면

$\sin A=\sin A'=\dfrac{\overline{BC}}{\overline{BA'}}=\dfrac{4}{6}=\dfrac{2}{3}$

3 $\angle ACB=90°$, $\angle ABC=\angle x$

$\therefore \sin x=\dfrac{5\sqrt{3}}{10}=\dfrac{\sqrt{3}}{2}$

4 $\angle ACB=90°$, $\angle ABC=\angle x$

$\therefore \cos x=\dfrac{10}{14}=\dfrac{5}{7}$

5 $\angle ACB=90°$이므로 $\overline{CB}=\overline{AB}\cos 30°=3\sqrt{3}$

$\overline{AC}=\overline{AB}\sin 30°=3$

따라서 $\triangle ABC$의 둘레의 길이는 $9+3\sqrt{3}$이다.

6 $\angle ACB=90°$이므로 $\overline{CB}=\overline{AB}\cos 60°=7$

$\overline{AC}=\overline{AB}\sin 60°=7\sqrt{3}$

따라서 $\triangle ABC$의 둘레의 길이는 $21+7\sqrt{3}$

7 오른쪽 그림과 같이 점 B에서 점 O를 지나는 보조선을 그으면

$\angle BCD=90°$, $\angle BDC=60°$

$\therefore \overline{BD}=\dfrac{\overline{BC}}{\sin 60°}=3\sqrt{3}\times\dfrac{2}{\sqrt{3}}=6$

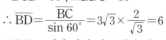

8 오른쪽 그림과 같이 점 B에서 점 O를 지나는 보조선을 그으면

$\angle BCD=90°$, $\angle BDC=45°$

$\overline{BD}=\dfrac{\overline{BC}}{\sin 45°}=4\sqrt{2}\times\dfrac{2}{\sqrt{2}}=8$

B 원주각의 크기와 호의 길이 1   84쪽

1 40°   2 32°   3 50°   4 66°

5 22°   6 36°   7 55°   8 49°

1 $\overparen{AB}=\overparen{CD}$이므로 $\angle APB=\angle CQD$ $\therefore \angle x=40°$

2 점 B와 점 C를 이으면 $\angle ACB=\angle ADB=32°$

　　$\therefore \angle x=\angle ACB=32°$

3 $\angle DCB=\angle ABC=25°$　　$\therefore \angle x=50°$

4 $\angle DCB=\angle ABC=33°$　　$\therefore \angle x=66°$

5 두 점 A와 C를 이으면

　　$\angle CAD=\angle BAD=34°$, $\angle ACB=90°$

　　$\triangle CAB$에서 $90°+34°+34°+\angle x=180°$　　$\therefore \angle x=22°$

6 점 C와 점 B를 이으면

　　$\angle CBD=\angle DBA=27°$, $\angle ACB=90°$

　　$\triangle CAB$에서 $90°+27°+27°+\angle x=180°$

　　$\therefore \angle x=36°$

7 $\angle BAC=\angle BDC=49°$, $\angle DBC=\angle ABD=38°$

　　$\triangle ABC$에서 $49°+38°+38°+\angle x=180°$　　$\therefore \angle x=55°$

8 $\angle BAC=\angle BDC=34°$,

　　$\angle ADB=\angle BAC=34°$

　　$\triangle ABD$에서 $34°+63°+34°+\angle x=180°$

　　$\therefore \angle x=49°$

C 원주각의 크기와 호의 길이 2　　85쪽

1 100°	2 21°	3 18	4 21
5 48°	6 15°	7 9	8 7

1 $\widehat{AB}:\widehat{BC}=9:3=3:1$이므로

　　$\angle x:25°=4:1$　　$\therefore \angle x=100°$

2 $\widehat{AB}:\widehat{BC}=4:16=1:4$이므로

　　$\angle x:84°=1:4$　　$\therefore \angle x=21°$

3 $\triangle ABC$에서 $36°+90°+\angle BAC=180°$

　　$\therefore \angle BAC=54°$

　　$\widehat{AB}:\widehat{BC}=36°:54°=2:3$이므로

　　$12:x=2:3$　　$\therefore x=18$

4 점 C와 점 B를 이으면

　　$\triangle ABC$에서 $27°+90°+\angle ACB=180°$

　　$\therefore \angle ACB=63°$

　　$\widehat{AB}:\widehat{BC}=63°:27°=7:3$이므로

　　$x:9=7:3$　　$\therefore x=21$

5 $\angle ADB:\angle DBC=3:1$이므로

　　$\angle ADB:24°=3:1$　　$\therefore \angle ADB=72°$

　　$\therefore \angle x=72°-24°=48°$

6 $\angle ACB:\angle DAC=2:3$이므로

　　$30°:\angle DAC=2:3$　　$\therefore \angle DAC=45°$

　　$\therefore \angle x=45°-30°=15°$

7 $\angle ABP=80°-20°=60°$

　　$20°:60°=3:\widehat{AD}$　　$\therefore \widehat{AD}=9$

8 $\angle BAC=72°-18°=54°$

　　$18°:54°=\widehat{AD}:21$　　$\therefore \widehat{AD}=7$

D 원주각의 크기와 호의 길이 3　　86쪽

1 $\angle A=60°$, $\angle B=45°$, $\angle C=75°$

2 $\angle A=60°$, $\angle B=80°$, $\angle C=40°$

3 66°　　　4 65°　　　5 $\frac{1}{4}$배　　　6 $\frac{1}{3}$배

7 21　　　8 27

1 $\angle A=\dfrac{4}{3+4+5}\times180°=60°$

　　$\angle B=\dfrac{3}{3+4+5}\times180°=45°$

　　$\angle C=\dfrac{5}{3+4+5}\times180°=75°$

2 $\angle A=\dfrac{3}{2+3+4}\times180°=60°$

　　$\angle B=\dfrac{4}{2+3+4}\times180°=80°$

　　$\angle C=\dfrac{2}{2+3+4}\times180°=40°$

3 점 C와 점 B를 이으면

　　$\angle ABC=180°\times\dfrac{1}{6}=30°$

　　$\angle DCB=180°\times\dfrac{1}{5}=36°$

　　$\therefore \angle x=30°+36°=66°$

4 점 C와 점 B를 이으면

　　$\angle ABC=180°\times\dfrac{1}{4}=45°$

　　$\angle DCB=180°\times\dfrac{1}{9}=20°$

　　$\therefore \angle x=45°+20°=65°$

5 $\angle CDB=180°\times\dfrac{1}{6}=30°$, $\angle APD=60°$

　　$\angle ADC=180°-75°-60°=45°$

　　$\widehat{AC}$의 길이가 원주의 x배라 하면

　　$180°\times x=45°$　　$\therefore x=\dfrac{1}{4}$

6 점 C와 점 B를 이으면

　　$\angle CDB=180°\times\dfrac{1}{4}=45°$

　　$\angle DCB=\angle DAB=45°$

　　$\angle ABC=180°-(45°+45°+30°)=60°$

　　$\widehat{AC}$의 길이가 원주의 x배라 하면

　　$180°\times x=60°$　　$\therefore x=\dfrac{1}{3}$

7 $\angle CAB=\angle CPB-\angle ACP=100°-40°=60°$이므로

　　$7:(원의 둘레의 길이)=60°:180°$

　　따라서 원의 둘레의 길이는 21이다.

8 $\angle CAB=\angle CPB-\angle ACP=95°-15°=80°$이므로

　　$12:(원의 둘레의 길이)=80°:180°$

　　따라서 원의 둘레의 길이는 27이다.

1 ②　　　　2 ⑤　　　　3 30°　　　　4 ⑤
5 ④　　　　6 18°

1 오른쪽 그림에서 ∠A＝∠A′이고
　∠BCA′＝90°, tan A′＝2
　∴ $\overline{A'C}=\dfrac{6}{\tan A'}=3$
　$\overline{A'B}=\sqrt{6^2+3^2}=3\sqrt{5}$

2 $\overline{BA'}=\dfrac{5\sqrt{3}}{\sin 60°}$
　　　$=5\sqrt{3}\times\dfrac{2}{\sqrt{3}}=10$
　따라서 원의 반지름의 길이는 5이다.

3 $\overparen{CD}$는 원주의 $\dfrac{1}{6}$이므로 $\angle x=180°\times\dfrac{1}{6}=30°$

4 ∠x＝2∠CBA＝36°
　4 : 16＝18° : ∠y　　∴ ∠y＝72°
　∴ ∠x＋∠y＝108°

5 ∠BAC＝∠BPC－∠ABP＝84°－48°＝36°
　$\overparen{AD} : \overparen{BC}=48° : 36°=4 : 3$이므로
　$\overparen{AD} : 9=4 : 3$　　∴ $\overparen{AD}=12$ (cm)

6 점 B와 점 D를 이으면
　$\angle ADB=180°\times\dfrac{1}{5}=36°$
　$\angle DBC=180°\times\dfrac{1}{10}=18°$
　∴ ∠CPD＝36°－18°＝18°

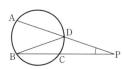

12 원에 내접하는 다각형

A 원에 내접하는 사각형의 성질 1　　　　89쪽

1 57°　　　　2 100°　　　　3 118°　　　　4 124°
5 ∠x＝96°, ∠y＝192°　　　6 ∠x＝104°, ∠y＝152°
7 ∠x＝99°, ∠y＝109°　　　8 ∠x＝78°, ∠y＝107°

- -

1 ∠x＝180°－∠ABC＝57°
2 ∠ADC＝180°－(46°＋54°)＝80°
　∠x＝180°－∠ADC＝100°
3 ∠BAC＝90°이므로 ∠ABC＝90°－28°＝62°
　∴ ∠x＝180°－62°＝118°
4 ∠BDC＝90°이므로 ∠BCD＝90°－34°＝56°
　∠x＝180°－56°＝124°
5 ∠x＝180°－84°＝96°, ∠y＝2×96°＝192°

6 ∠x＝180°－76°＝104°
　∠y＝2×76°＝152°
7 ∠x＝180°－81°＝99°
　∠AEC＝∠ADC＝81°, ∠y＝28°＋81°＝109°
8 ∠x＝180°－102°＝78°
　∠ABE＝∠ADE＝29°
　∠y＝78°＋29°＝107°

B 원에 내접하는 사각형의 성질 2　　　　90쪽

1 ∠x＝112°, ∠y＝86°　　　2 ∠x＝94°, ∠y＝73°
3 ∠x＝30°, ∠y＝128°　　　4 ∠x＝25°, ∠y＝71°
5 62°　　　6 51°　　　7 52°　　　8 61°

- -

1 ∠x＝112°, ∠y＝180°－94°＝86°
2 ∠x＝180°－86°＝94°
　∠y＝180°－107°＝73°
3 52°＋∠x＋98°＝180°　　∴ ∠x＝30°
　∠BDC＝∠BAC＝52°
　∴ ∠y＝∠ADC＝76°＋52°＝128°
4 43°＋∠x＋112°＝180°　　∴ ∠x＝25°
　∠x＝∠DBC이므로 ∠y＝46°＋∠x　　∴ ∠y＝71°
5 ∠PAB＝∠x, 58°＋∠x＝120°　　∴ ∠x＝62°
6 ∠PBA＝∠ADC＝65°, 65°＋∠x＝116°
　∴ ∠x＝51°
7 ∠QAB＝∠x, ∠ABQ＝36°＋∠x
　△AQB에서 ∠x＋40°＋36°＋∠x＝180°　　∴ ∠x＝52°
8 ∠QDC＝∠x, ∠DCQ＝26°＋∠x
　△DCQ에서 ∠x＋26°＋∠x＋32°＝180°　　∴ ∠x＝61°

C 원에 내접하는 다각형　　　　91쪽

1 60°　　　　2 32°　　　　3 360°　　　　4 226°
5 57°　　　　6 82°　　　　7 174°　　　　8 196°

- -

1 점 B와 점 D를 이으면
　∠BDE＝180°－86°＝94°
　∠BDC＝124°－94°＝30°
　∴ ∠x＝2∠BDC＝60°

2 점 B와 점 E를 이으면
　∠EBC＝180°－104°＝76°
　∠ABE＝92°－76°＝16°
　∴ ∠x＝2∠ABE＝32°

22

3 $\angle BCD + \angle BAD = 180°$, $\angle DAF + \angle FED = 180°$

    $\angle A + \angle C + \angle E = 360°$

4 점 C와 점 F를 이으면

    $\angle FCD = 180° - 134° = 46°$

    $\angle A + \angle C = \angle A + \angle BCF + \angle FCD = 180° + 46° = 226°$

5 $\angle DPQ = \angle ABQ = 123°$, $\angle x = 180° - 123° = 57°$

6 $\angle x = \angle DPQ = \angle ABQ = 82°$

7 $\angle PQC = \angle BAP = 93°$, $\angle PDC = 180° - 93° = 87°$

    $\therefore \angle x = 2\angle PDC = 174°$

8 $\angle PQC = \angle BAP = 82°$

    $\angle PDC = 180° - 82° = 98°$

    $\therefore \angle x = 2\angle PDC = 196°$

D 네 점이 한 원 위에 있을 조건 - 원주각   92쪽

1 ×	2 ○	3 ○	4 ×
5 ×	6 ○	7 63°	8 69°

1 $\angle BAC \neq \angle BDC$이므로 네 점 A, B, C, D가 한 원 위에 있지 않다.

4 $\angle BAC = 96° - 61° = 35°$

    $\angle BAC \neq \angle BDC$이므로 네 점 A, B, C, D가 한 원 위에 있지 않다.

5 $\angle ADB \neq \angle ACB$이므로 네 점 A, B, C, D가 한 원 위에 있지 않다.

7 $\angle ADB = 180° - (85° + 32°) = 63°$

    $\angle ADB = \angle x$일 때 네 점 A, B, C, D가 한 원 위에 있으므로 $\angle x = 63°$

8 네 점 A, B, C, D가 한 원 위에 있으므로

    $\angle ADB = \angle ACB = 26°$

    $\angle x = 43° + 26° = 69°$

E 사각형이 원에 내접하기 위한 조건   93쪽

1 ○	2 ×	3 ×	4 ○
5 ○	6 ×	7 77°	8 98°

1 $\angle BAD = 180° - 65° = 115°$

    $\angle BAD = \angle DCE$이므로 □ABCD가 원에 내접한다.

2 $\angle ABC = 180° - (38° + 32°) = 110°$

    따라서 $\angle ABC + \angle ADC \neq 180°$이므로 □ABCD가 원에 내접하지 않는다.

3 $\angle ADB \neq \angle ACB$이므로 □ABCD가 원에 내접하지 않는다.

4 $\angle BAC = \angle BDC$이므로 □ABCD가 원에 내접한다.

5 $\angle BAC = \angle BDC = 90°$이므로 □ABCD가 원에 내접한다.

6 $\angle CDA = 180° - 72° = 108°$

    $\angle ABC = 180° - 72° = 108°$

따라서 $\angle CDA + \angle ABC \neq 180°$이므로 □ABCD가 원에 내접하지 않는다.

7 $\angle ADC = 180° - (19° + 58°) = 103°$

    $\therefore \angle x = 180° - 103° = 77°$

8 $\angle DBC = \angle DAC = 26°$

    $\therefore \angle x = 72° + 26° = 98°$

 거저먹는 시험 문제   94쪽

1 ②	2 ③	3 85°	4 ①
5 ③	6 27°		

1 $\angle ABC = 180° - 116° = 64°$

    $\therefore \angle x = 180° - 64° \times 2 = 52°$

2 $\angle DAB = 124°$이므로 $\angle DAC = 124° - 68° = 56°$

    $\angle DBC = \angle DAC = 56°$ $\therefore \angle x = 90° - \angle DBC = 34°$

3 $\angle OCB = \angle OBC = 32°$

    $\angle BOC = 180° - 32° \times 2 = 116°$

    $\angle BAC = \frac{1}{2} \times 116° = 58°$

    $\therefore \angle x = \angle BAD = 58° + 27° = 85°$

4 $\angle CDQ = \angle ABC = 71°$

    △PBC에서 $\angle DCQ = 71° + \angle x$

    △DCQ에서 $\angle x + 71° + 71° + 23° = 180°$

    $\therefore \angle x = 15°$

5 점 B와 점 D를 이으면

    $\angle BDE = 180° - 82° = 98°$이므로

    $\angle BDC = 127° - 98° = 29°$

    $\therefore \angle x = 2 \times 29° = 58°$

6 $\angle DAP = 180° - (114° + 39°) = 27°$

    $\angle DAC = \angle DBC$일 때, □ABCD가 원에 내접하므로

    $\angle x = 27°$

13 접선과 현이 이루는 각

A 접선과 현이 이루는 각 1   96쪽

1 43°	2 56°	3 51°	4 41°
5 $\angle x = 39°$, $\angle y = 82°$		6 $\angle x = 35°$, $\angle y = 84°$	
7 48°	8 29°		

1 $\angle x = \angle CAT = 43°$

2 $\angle x = \angle BAT = 56°$

3 $\angle x = \angle CBA = 51°$

4 $\angle x = \angle ACB = 41°$

5 $\angle x = \angle BAT = 39°$

$\angle y = \angle CBA = 82°$

6 $\angle x = \angle ACB = 35°$

$\angle y = \angle CAT = 84°$

7 $\overline{BC}$가 지름이므로 $\angle CAB = 90°$

$\angle CBA = \angle x$ 이므로

∴ $\angle x = 180° - (42° + 90°) = 48°$

8 $\overline{BC}$가 지름이므로 $\angle CAB = 90°$

$\angle ACB = \angle x$ 이므로

∴ $\angle x = 180° - (61° + 90°) = 29°$

B 접선과 현이 이루는 각 2   97쪽

1 63°	2 53°	3 79°	4 66°
5 72°	6 41°	7 84°	8 105°

1 $\angle BAP = \angle ACB = 40°$

$\angle x = \angle BAP + 23° = 63°$

2 $\angle BCA = \angle BAT = 81°$

$\angle x = \angle BCA - 28° = 53°$

3 $\angle ACB = \angle BAT = 22°$

△ABC는 이등변삼각형이므로

$\angle x = \frac{1}{2} \times (180° - 22°) = 79°$

4 $\angle CBA = \angle CAT = 48°$

△ABC는 이등변삼각형이므로

$\angle x = \frac{1}{2} \times (180° - 48°) = 66°$

5 $\angle ACB = \angle BAT = 36°$

$\angle x = 2\angle ACB = 72°$

6 $\angle CBA = \angle CAT = 49°$

$\angle COA = 2\angle CBA = 98°$

△OCA는 이등변삼각형이므로

$\angle x = \frac{1}{2} \times (180° - 98°) = 41°$

7 $\angle PBA = \angle CAP = \angle CPA = 32°$

△ABP에서 $32° + 32° + \angle x + 32° = 180°$

∴ $\angle x = 84°$

8 $\angle PCA = \angle BAP = \angle BPA = 25°$

△APC에서 $25° + 25° + \angle x + 25° = 180°$

∴ $\angle x = 105°$

C 접선과 현이 이루는 각의 활용 1   98쪽

1 54°	2 31°	3 104°	4 48°
5 43°	6 39°	7 33°	8 91°

1 $\angle BCD = 180° - \angle BAD = 84°$, $\angle BDC = \angle BCT = 42°$

△BCD에서 $\angle x = 180° - (84° + 42°) = 54°$

2 $\angle BCD = 180° - \angle BAD = 87°$

$\angle DBC = \angle DCT = 62°$

△BCD에서 $\angle x = 180° - (62° + 87°) = 31°$

3 점 A와 점 C를 이으면

$\angle BAC = \angle BCT = 38°$, $\angle ACB = \angle BAC = 38°$

△ABC에서 $\angle x = 180° - (38° + 38°) = 104°$

4 점 A와 점 C를 이으면

$\angle BAC = \angle BCT = \angle x$, $\angle BAC = \angle BCA$이므로

△ABC에서 $84° + \angle x + \angle x = 180°$ ∴ $\angle x = 48°$

5 $\angle DCP = \angle CAD = 37°$, $\angle CDP = \angle ABC = 100°$

△DCP에서 $\angle x = 180° - (37° + 100°) = 43°$

6 $\angle BCP = \angle BAC = 41°$,

$\angle PBC = \angle ADC = 100°$

△BPC에서 $\angle x = 180° - (100° + 41°) = 39°$

7 $\angle PBC = \angle ADC = 85°$

△BPC에서 $\angle BCP = 180° - (85° + 43°) = 52°$

∴ $\angle BAC = \angle BCP = 52°$

△ABC에서 $\angle x = 85° - 52° = 33°$

8 $\angle PBC = \angle ADC = 123°$

△BPC에서 $\angle BCP = 180° - (123° + 25°) = 32°$

∴ $\angle BAC = \angle BCP = 32°$

△ABC에서 $\angle x = 123° - 32° = 91°$

D 접선과 현이 이루는 각의 활용 2   99쪽

1 28°	2 36°	3 63°	4 59°
5 79°	6 35°	7 55°	8 58°

1 점 A와 점 C를 이으면 $\angle ACB = 90°$

$\angle BAC = \angle BCT = 59°$

△ACB에서 $\angle ABC = 180° - (90° + 59°) = 31°$

△BPC에서 $\angle x = 59° - 31° = 28°$

2 점 A와 점 C를 이으면 $\angle ACB = 90°$

$\angle ACP = \angle ABC = 27°$

△BPC에서 $27° + \angle x + 27° + 90° = 180°$

∴ $\angle x = 36°$

3 $\angle BAC = \angle BCP = \angle x - 36°$

△ACB에서 $\angle x + \angle x - 36° + 90° = 180°$

∴ $\angle x = 63°$

4 $\angle BAC = \angle BCP = \angle x - 28°$

△ACB에서 $\angle x + \angle x - 28° + 90° = 180°$

∴ $\angle x = 59°$

5 $\overline{PA}$, $\overline{PB}$는 원 O의 접선이므로 $\overline{PA} = \overline{PB}$

$\angle PAB = \angle PBA = 67°$

∠ACB=∠ABP=67°

△ACB에서 ∠x=180°−(67°+34°)=79°

6 $\overline{PA}$, $\overline{PB}$는 원 O의 접선이므로 $\overline{PA}=\overline{PB}$

∠PAB=∠PBA=70°

∠ACB=∠PBA=70°

∠x=∠BAC, ∠ABC=75°

△ABC에서 ∠x=180°−(70°+75°)=35°

7 ∠ECF=180°−(62°+48°)=70°

$\overline{CE}=\overline{CF}$이므로 ∠FEC=$\frac{1}{2}$(180°−70°)=55°

∴ ∠x=∠FEC=55°

8 $\overline{BD}=\overline{BE}$이므로 ∠DEB=$\frac{1}{2}$×(180°−52°)=64°

∠DFE=∠DEB=64°

∴ ∠x=180°−(58°+64°)=58°

E 두 원에서 접선과 현이 이루는 각   100쪽

1 ∠x=48°, ∠y=48°		2 ∠x=62°, ∠y=56°	
3 71°	4 95°	5 35°	6 83°
7 55°	8 64°		

- - - - - - - - - - - - - - - - -

1 ∠x=∠BTQ=∠PTD=∠y이므로

∠x=48°, ∠y=48°

2 ∠x=∠CTQ=∠PTA=∠ABT=62°

∠y=∠PTD=∠BTQ=∠BAT=56°

3 ∠DCT=∠PTD=∠BTQ=∠BAT=63°

△TCD에서 ∠x=180°−(46°+63°)=71°

4 ∠DCT=∠PTD=∠BTQ=∠BAT=28°

△TCD에서 ∠x=180°−(57°+28°)=95°

5 ∠TAB=∠BTQ=∠TDC=85°

△TBA에서 ∠x=180°−(85°+60°)=35°

6 ∠CTQ=∠CDT=65°   ∴ ∠BAT=65°

△TAB에서 ∠x=180°−(65°+32°)=83°

7 ∠CDT=∠BTQ=∠BAT=70°

∠DCT=180°−125°=55°

△TDC에서 ∠x=180°−(70°+55°)=55°

8 ∠CDT=118°−54°=64°

∠CTQ=∠CDT=64°

∴ ∠x=∠CTQ=64°

 거저먹는 시험 문제   101쪽

1 ④	2 ④	3 62°	4 35°
5 ⑤	6 ③		

1 ∠BCT=∠BAC=48°, ∠BCT′=180°−48°=132°

---

2 ∠BAP=∠ACB=36°

∠x=36°+24°=60°

3 ∠BCD=180°−88°=92°, ∠CBD=∠x

△BCD에서 ∠x=180°−(92°+26°)=62°

4 ∠DAB=180°−125°=55°

∠ADB=∠ABT=∠x, ∠ABD=90°

∴ ∠x=180°−(90°+55°)=35°

5 오른쪽 그림과 같이 점 A와 점 B를 이으면

∠ABP=∠ACB=48°

$\overline{PA}=\overline{PB}$이므로

∠x=180°−(48°+48°)=84°

6 $\overline{BD}=\overline{BE}$이므로 ∠DEB=$\frac{1}{2}$×(180°−44°)=68°

∠DFE=∠DEB=68°

$\overline{AD}=\overline{AF}$이므로 ∠ADF=$\frac{1}{2}$×(180°−56°)=62°

∠DEF=∠ADF=62°

∴ ∠x=180°−(68°+62°)=50°

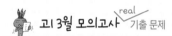 **고1 3월 모의고사** real 기출 문제   102쪽

1 432	2 ⑤	3 ③	4 ⑤

1 오른쪽 그림과 같은 큰 원과 작은 원의 반지름의 길이를 R, r라 하면

$\overline{AB}=\frac{1}{2}×\overline{AC}=12\sqrt{3}$

△OAB에서 $(12\sqrt{3})^2=R^2−r^2$

두 원의 넓이의 차는

$\pi R^2−\pi r^2=\pi(R^2−r^2)=(12\sqrt{3})^2\pi=432\pi$

따라서 $a=432$이다.

2 ∠BCP=∠x라 하면

∠PAC=∠BCP=∠x

△BPC에서

∠ABC=∠x+42°

△ABC는 이등변삼각형이므로

∠ACB=∠x+42°

△ABC에서 ∠x+42°+∠x+42°+∠x=180°

3∠x+84°=180°   ∴ ∠x=32°

3 호 BC에 대한 중심각의 크기는 180°×$\frac{1}{5}$=36°

∴ ∠CAB=18°

직각삼각형 ABC에서 sin 18°=$\frac{\overline{BC}}{\overline{AB}}$=$\overline{BC}$

4 ∠BAD=∠x라 하면

∠ADC=∠x+30°

$\overarc{AC}$와 $\overarc{BD}$의 원주각의 크기의 합은

2∠x+30°

반지름의 길이가 9cm이므로

원주는 18π cm이고

$\overarc{AC}$+$\overarc{BD}$=18π-(4π+6π)=8π

호의 길이는 중심각의 크기에 정비례하므로 원주각의 크기에
도 정비례한다.

전체 원주각의 크기가 180°이므로

$180° \times \dfrac{8\pi}{18\pi} = 2\angle x + 30°$

∴ ∠x=25°

따라서 $\overarc{AC}$의 원주각의 크기가 55°이므로

$\overarc{AC} = 18\pi \times \dfrac{55}{180} = \dfrac{11}{2}\pi$

14 대푯값

A 평균   105쪽

1 3	2 6	3 7	4 9
5 5	6 6	7 9	8 23

1 $\dfrac{2+5+4+3+1}{5}=\dfrac{15}{5}=3$

2 $\dfrac{3+6+4+9+8}{5}=\dfrac{30}{5}=6$

3 $\dfrac{9+6+2+7+10+8}{6}=\dfrac{42}{6}=7$

4 $\dfrac{7+10+9+8+11+9}{6}=\dfrac{54}{6}=9$

5 $\dfrac{a+b}{2}=6$이므로 $a+b=12$

∴ $\dfrac{a+b+3}{3}=\dfrac{12+3}{3}=\dfrac{15}{3}=5$

6 $\dfrac{a+b}{2}=7$ ∴ $a+b=14$

∴ $\dfrac{4+a+b}{3}=\dfrac{4+14}{3}=\dfrac{18}{3}=6$

7 $\dfrac{a+b}{2}=9$이므로 $a+b=18$

∴ $\dfrac{5+a+b+13}{4}=\dfrac{18+18}{4}=\dfrac{36}{4}=9$

8 $\dfrac{a+b+c}{3}=22$이므로 $a+b+c=66$

∴ $\dfrac{21+a+b+c+28}{5}=\dfrac{49+66}{5}=\dfrac{115}{5}=23$

B 중앙값과 최빈값 1   106쪽

1 중앙값 : 4, 최빈값 : 4	2 중앙값 : 2, 최빈값 : 1, 2
3 중앙값 : 3, 최빈값 : 3	4 중앙값 : 6, 최빈값 : 7
5 중앙값 : 2.5, 최빈값 : 2	6 중앙값 : 3.5, 최빈값 : 3
7 중앙값 : 3, 최빈값 : 3	8 중앙값 : 9, 최빈값 : 7, 11

1 자료를 작은 값부터 순서대로 나열하면 1, 2, 3, 4, 4, 5, 6이
다. 자료의 개수가 홀수 개이므로 중앙값은 가운데 값인 4, 최
빈값은 4이다.

2 자료를 작은 값부터 순서대로 나열하면 1, 1, 2, 2, 4, 6, 7이
다. 자료의 개수가 홀수 개이므로 중앙값은 가운데 값인 2, 최
빈값은 1, 2가 2개씩 있으므로 1, 2이다.

3 자료를 작은 값부터 순서대로 나열하면 1, 2, 3, 3, 3, 5, 8, 9,
9이다. 자료의 개수가 홀수 개이므로 중앙값은 가운데 값인
3, 최빈값은 3이다.

4 자료를 작은 값부터 순서대로 나열하면 2, 3, 4, 4, 6, 7, 7, 7,
9이다. 자료의 개수가 홀수 개이므로 중앙값은 가운데 값인
6, 최빈값은 7이다.

5 자료를 작은 값부터 순서대로 나열하면 1, 2, 2, 2, 3, 3, 7, 8
이다. 자료의 개수가 짝수 개이므로 중앙값은 2, 3의 평균인
2.5, 최빈값은 2이다.

6 자료를 작은 값부터 순서대로 나열하면 1, 2, 3, 3, 4, 5, 7, 8
이다. 자료의 개수가 짝수 개이므로 중앙값은 3, 4의 평균인
3.5, 최빈값은 3이다.

7 자료를 작은 값부터 순서대로 나열하면 1, 1, 2, 3, 3, 3, 4, 6,
7, 9이다. 자료의 개수가 짝수 개이므로 중앙값은 3, 3의 평균
인 3, 최빈값도 3이다.

8 자료를 작은 값부터 순서대로 나열하면 4, 6, 7, 7, 8, 10, 11,
11, 14, 16이다. 자료의 개수가 짝수 개이므로 중앙값은 8,
10의 평균인 9, 최빈값은 7, 11이다.

C 중앙값과 최빈값 2   107쪽

1 중앙값 : 24세, 최빈값 : 22세

2 중앙값 : 33.5시간, 최빈값 : 34시간

3 중앙값 : 67.5 kg, 최빈값 : 65 kg

4 사회   5 금요일   6 봄

1 변량이 모두 9개이므로 5번째 값인 24세가 중앙값이고 최빈
값은 22세가 2명 있으므로 22세이다.

2 변량이 모두 14개이므로 7번째와 8번째 값인 33시간과 34시
간의 평균인 33.5시간이 중앙값이고 최빈값은 34시간이 3명
있으므로 34시간이다.

3 변량이 모두 16개이므로 8번째와 9번째 값인 67 kg과 68 kg 의 평균인 67.5 kg이 중앙값이고 최빈값은 65 kg이 3명 있으 므로 65 kg이다.

4 사회가 가장 큰 도수인 6명이므로 최빈값은 사회이다.

5 금요일이 가장 큰 도수인 9명이므로 최빈값은 금요일이다.

6 봄은 6명, 여름은 4명, 가을은 3명, 겨울은 5명이므로 봄이 최 빈값이다.

D 대푯값이 주어질 때 변량 구하기

1 18   2 20   3 15   4 9
5 18   6 5   7 6   8 12
9 21

---

1 $\dfrac{10+x+13+19}{4}=15$, $\dfrac{42+x}{4}=15$

$\therefore x=18$

2 $\dfrac{15+21+18+x+16}{5}=18$, $\dfrac{70+x}{5}=18$

$\therefore x=20$

3 중앙값이 15이므로 자료를 작은 값부터 순서대로 나열하면 8, 12, x, 19, 25가 되어야 하고 x의 값은 15이다.

4 중앙값이 8이므로 자료를 작은 값부터 순서대로 나열하면 4, 7, x, 11이 되어야 하고 7과 x의 평균인 $\dfrac{7+x}{2}=8$이어야 한다.

$\therefore x=9$

5 중앙값이 17이므로 자료를 작은 값부터 순서대로 나열하면 15, 16, x, 20이 되어야 하고 16과 x의 평균이 17이므로

$\dfrac{16+x}{2}=17$ $\therefore x=18$

6 자료 5, 9, 5, x, 5, 1, 2, 8에서 x의 값에 상관없이 도수가 3개 인 5가 최빈값이다.

최빈값과 평균이 같으므로

$\dfrac{5+9+5+x+5+1+2+8}{8}=5$, $\dfrac{35+x}{8}=5$

$\therefore x=5$

7 자료 8, 3, 5, 8, 15, 8, 11, x에서 x의 값에 상관없이 도수가 3 개인 8이 최빈값이다.

최빈값과 평균이 같으므로

$\dfrac{8+3+5+8+15+8+11+x}{8}=8$, $\dfrac{58+x}{8}=8$

$\therefore x=6$

8 $\dfrac{14+20+13+x+10+11}{6}=13$, $\dfrac{68+x}{6}=13$

$\therefore x=10$

따라서 이 자료를 작은 값부터 순서대로 나열하면 10, 10, 11, 13, 14, 20이므로 중앙값은 11과 13의 평균인 $\dfrac{11+13}{2}=12$이다.

9 $\dfrac{17+32+24+x+15+18}{6}=22$, $\dfrac{106+x}{6}=22$

$\therefore x=26$

따라서 이 자료를 작은 값부터 순서대로 나열하면 15, 17, 18, 24, 26, 32이므로 중앙값은 18과 24의 평균인

$\dfrac{18+24}{2}=21$이다.

거저먹는 시험 문제

1 ③   2 ②   3 18시간   4 ⑤
5 9   6 ④

1 $\dfrac{a+b+c+d}{4}=12$이므로 $a+b+c+d=48$

$\therefore \dfrac{6+a+b+c+d+18}{6}=\dfrac{24+48}{6}=12$

2 $\dfrac{10+8+x+15+13+9+12}{7}=11$, $\dfrac{67+x}{7}=11$

$\therefore x=10$

3 평균을 구할 때, 자료를 나열해서 더해도 되지만 아래와 같이 줄기와 잎을 따로 더해도 된다.

줄기가 0일 때의 자료의 합은 $2+4=6$

줄기가 1일 때의 자료의 합은 $10 \times 3+9=39$

줄기가 2일 때의 자료의 합은 $20 \times 3+9=69$

줄기가 3일 때의 자료의 합은 $30 \times 2+6=66$

(평균)$=\dfrac{6+39+69+66}{10}=\dfrac{180}{10}=18$(시간)

4 중앙값이 90점이므로 자료를 작은 값부터 순서대로 나열하 면 85점, 88점, x점, 95점이 되어야 하고 88점, x점의 평균이 90점이 되어야 한다.

$\dfrac{88+x}{2}=90$ $\therefore x=92$

5 자료 8, 4, 7, x, 6, 7, 10, 5, 7에서 x의 값에 상관없이 도수가 3개인 7이 최빈값이다.

최빈값과 평균이 같으므로

$\dfrac{8+4+7+x+6+7+10+5+7}{9}=7$, $\dfrac{54+x}{9}=7$

$\therefore x=9$

6 ① B의 최빈값은 9이다.

② A의 중앙값은 8, B의 중앙값은 8이므로 같다.

③ (A의 평균)$=\dfrac{7+8+9+10+7}{5}=8.2$

(B의 평균)$=\dfrac{8+6+9+9+7}{5}=7.8$

따라서 A의 평균이 B의 평균보다 크다.

④ A의 중앙값은 8, A의 최빈값은 7이므로 같지 않다.

⑤ B의 중앙값은 8, B의 최빈값은 9이므로 중앙값이 최빈값 보다 작다.

A 편차 구하기　　　　　　　　　　111쪽

1 $-1, 2, 3$　　　　　　　2 $-4, -2, 3, 4$
3 $4, -7, 0, 1, 5, -3$　　4 $5, -6, 1, 4, -7, 3$
5 ○　　　6 ×　　　7 ×　　　8 ○
9 ×　　　10 ○　　11 ○

- -

1 $5-6=-1, 8-6=2, 9-6=3$
2 $5-9=-4, 7-9=-2, 12-9=3, 13-9=4$
3 $15-11=4, 4-11=-7, 11-11=0, 12-11=1,$
　$16-11=5, 8-11=-3$
4 $20-15=5, 9-15=-6, 16-15=1, 19-15=4,$
　$8-15=-7, 18-15=3$
6 (편차)=(변량)−(평균)
7 편차의 총합이 항상 0이고 편차의 제곱의 합이 항상 0은 아니다.
9 (편차)=(변량)−(평균)이므로 평균보다 작은 변량의 편차는
　음수이다.

B 편차의 성질 이용하기　　　　　　112쪽

1 0　　　　2 −3　　　3 −1　　　4 −4
5 21시간　　6 9시간　　7 $a=74, b=75, c=-1$
8 $a=45, b=33, c=5$

- -

1 C학생의 편차를 x라 하면 편차의 합은 0이므로
　$-2+3+x-5+4=0$　∴ $x=0$
2 E학생의 편차를 x라 하면 편차의 합은 0이므로
　$4-1-4+6+x-2=0$　∴ $x=-3$
3 F학생의 편차를 x라 하면 편차의 합은 0이므로
　$-1+2-2+5-3+x=0$　∴ $x=-1$
4 F학생의 편차를 x라 하면 편차의 합은 0이므로
　$4-3-2+1+4+x=0$　∴ $x=-4$
5 학생 E의 편차를 x라 하면 편차의 합은 0이므로
　$2-3+1-1+x=0$　∴ $x=1$
　(편차)=(변량)−(평균)이므로 1=(변량)−20
　따라서 학생 E의 봉사 활동 시간은 21시간이다.
6 학생 B의 편차를 x라 하면 편차의 합은 0이므로
　$4+x-3+3-1-5=0$　∴ $x=2$
　(편차)=(변량)−(평균)이므로 2=(변량)−7
　따라서 학생 B의 컴퓨터 사용 시간은 9시간이다.
7 편차의 합은 0이므로 $1-2+c+2=0$　∴ $c=-1$
　평균은 편차가 0인 E학생의 점수 76점이므로
　$a=74, b=75$

8 편차의 합은 0이므로 $-3+c-7+5=0$　∴ $c=5$
　평균은 편차가 0인 C음료수 판매량 40개이므로
　$a=45, b=33$

C 분산과 표준편차 구하기 1　　　　113쪽

1 16　　　2 3.2　　　3 $\sqrt{3.2}$　　4 30
5 6　　　6 $\sqrt{6}$　　　7 24　　　8 4
9 2　　　10 36　　　11 4.5　　12 $\sqrt{4.5}$

- -

1 $(-2)^2+(-1)^2+(-1)^2+1^2+3^2=16$
2 $\dfrac{16}{5}=3.2$
3 $\sqrt{(분산)}=\sqrt{3.2}$
4 $2^2+(-4)^2+3^2+(-1)^2=30$
5 $\dfrac{30}{5}=6$
6 $\sqrt{(분산)}=\sqrt{6}$
7 $(-1)^2+4^2+(-2)^2+(-1)^2+(-1)^2+1^2=24$
8 $\dfrac{24}{6}=4$
9 $\sqrt{(분산)}=\sqrt{4}=2$
10 $1^2+(-1)^2+(-2)^2+1^2+2^2+3^2+(-4)^2=36$
11 $\dfrac{36}{8}=4.5$
12 $\sqrt{(분산)}=\sqrt{4.5}$

D 분산과 표준편차 구하기 2　　　　114쪽

1 5시간　　2 $2, 3, -2, -3, 0$　　3 26
4 5.2　　　5 $\sqrt{5.2}$시간　　　6 9골
7 $-5, -2, 0, 4, 3, 0$　　　8 54　　9 9
10 3골

- -

1 $\dfrac{7+8+3+2+5}{5}=\dfrac{25}{5}=5$(시간)
2 평균이 5이므로 각 변량에 대한 (변량)−5를 순서대로 나열
　하면
　$2, 3, -2, -3, 0$
3 $4+9+4+9=26$
4 $\dfrac{26}{5}=5.2$
5 $\sqrt{5.2}$시간
6 $\dfrac{4+7+9+13+12+9}{6}=\dfrac{54}{6}=9$(골)

7 평균이 9이므로 각 변량에 대한 (변량)−9를 순서대로 나열
하면
　−5, −2, 0, 4, 3, 0
8 25＋4＋16＋9＝54
9 $\frac{54}{6}$＝9
10 $\sqrt{9}$＝3(골)

E 자료의 분석　　　　　　　　　　　　　　　　115쪽

---

1 A　　　　　2 B　　　　　3 1반　　　　　4 2반
5 D반　　　　6 D반

거저먹는 시험 문제　　　　　　　　　　　　　116쪽

---

1 ③, ⑤　　　　2 ④　　　　3 x＝1, 표준편차: 2회
4 ②　　　　5 ②, ⑤　　　　6 ④

---

1 ③ 평균이 높은 것과 표준편차는 관계가 없다.
　⑤ 분산의 양의 제곱근이 표준편차이므로 분산이 크면 표준
　　편차도 크다.
2 $\frac{2^2+(-4)^2+3^2+(-2)^2+1^2}{5}=\frac{34}{5}=6.8$
3 편차의 합은 0이므로
　$-3+x+3-2+1=0$
　∴ $x=1$
　(편차의 제곱의 합)
　$=(-3)^2+1^2+3^2+(-2)^2+1^2=24$
　따라서 (분산)$=\frac{24}{6}=4$이므로
　(표준편차)$=\sqrt{4}=2$(회)
4 (평균)$=\frac{4+6+10+8+7+12+9}{7}=\frac{56}{7}=8\,(℃)$
　이므로 편차는 $-4, -2, 2, 0, -1, 4, 1$
　(편차의 제곱의 합)
　$=(-4)^2+(-2)^2+2^2+(-1)^2+4^2+1^2=42$
　따라서 (분산)$=\frac{42}{7}=6$이므로
　(표준편차)$=\sqrt{6}\,(℃)$
5 ①, ④ 평균과 표준편차만으로는 각각의 점수를 알 수 없다.
　② 5개 지역의 학생 수가 같으므로 표준편차가 가장 큰 D지
　　역이 (편차)^{2}의 총합도 크다.
　③ 표준편차가 가장 큰 D지역이다.
6 자료들이 가장 고르지 않은 것이 표준편차가 가장 큰 자료이다.

---

16 산점도와 상관관계

A 산점도 그리기　　　　　　　　　　　　　　118쪽

1~4 풀이 참조

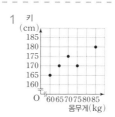
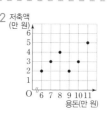
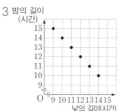
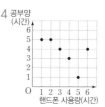

B 산점도 분석하기　　　　　　　　　　　　119쪽

---

1 7명　　　2 6명　　　3 2명　　　4 50 %
5 5일　　　6 6000원　　7 7800원　　8 20 %

---

1 국어 수행 평가 7개에서 세로로 선을 그어서 세로선 위와 선
　오른쪽에 있는 점이므로 7명이다.
2 영어 수행 평가 8개에서 가로로 선을 그어서 가로선 위와 선
　아래쪽에 있는 점이므로 6명이다.
3 국어 수행 평가와 영어 수행 평가를 5개씩 맞힌 학생과 10개
　씩 맞힌 학생이 있으므로 2명이다.
4 대각선을 그었을 때, 대각선의 위쪽 부분의 점이므로 5명이다.
　∴ $\frac{5}{10}\times100=50(\%)$
5 평균 온도 0℃에서 세로로 선을 그어서 세로선 왼쪽에 있는
　점이므로 5일이다.
6 난방비가 가장 많은 날은 11000원이고 가장 적은 날은 5000
　원이므로 차이는 6000원이다.
7 $\frac{11+10+8+8+7+9+6+8+6+5}{10}=\frac{78}{10}$
　$=7.8$(천 원)$=7800$(원)
8 난방비 10000원에서 가로로 선을 그어서 가로선 위와 가로
　선 위쪽에 있는 점이므로 2일이다.
　∴ $\frac{2}{10}\times100=20(\%)$

C 상관관계

120쪽

1 ㄴ, ㄹ	2 ㄱ, ㅂ	3 ㄷ, ㅁ	4 ㄴ
5 ㅂ	6 없다	7 음	8 양
9 양	10 음	11 없다	

D 산점도에서 자료들의 상관관계

121쪽

1 양의 상관관계		2 B	3 A
4 D	5 E	6 ○	7 ○
8 ×	9 ○	10 ×	

거저먹는 시험 문제

122쪽

| 1 40 % | 2 ③, ④ | 3 ⑤ | 4 ⑤ |
| 5 E | | | |

1 중간고사와 기말고사 모두 80점 이상인 학생은 4명이므로 전체 학생에 대한 비율은

$$\frac{4}{10} \times 100 = 40\,(\%)$$

2 ① 3월에 매점을 16번 간 학생은 2명이다.
  ② 3월보다 4월에 매점을 많이 간 학생은 5명이다.
  ⑤ 3월, 4월 모두 18번 이상 매점에 간 학생은 3명이다.

3 주어진 산점도는 음의 상관관계를 나타낸다.
  ① ~ ④ 양의 상관관계
  ⑤ 용돈에서 소비가 많을수록 저축이 줄어들므로 음의 상관관계가 있다.

4 ① ~ ④ 양의 상관관계
  ⑤ 음의 상관관계

5 E는 수학 점수는 가장 높은데 과학 점수는 가장 낮으므로 두 점수의 차가 가장 크다.

고1 3월 모의고사 real 기출 문제

123쪽

| 1 ② | 2 124 | 3 ② | 4 ② |
| 5 168 | 6 252 | 7 ⑤ | 8 ⑤ |

1 주어진 자료에서 43 g이 3회로 가장 많이 나타나므로 최빈값은 43 g이다.

2 6개의 자료를 크기 순서대로 나열해 보면 최빈값이 9이므로
  8, 9, 9, a, b, 13 (단, $a \le b$)
  $a = 9$이면 중앙값이 10이 될 수 없으므로 $a > 9$
  중앙값이 10이므로
  $$\frac{9+a}{2} = 10 \qquad \therefore a = 11$$
  $b = 11$ 또는 $b = 13$이라면 최빈값이 9라는 것에 맞지 않으므로
  $b = 12$
  $$\therefore m = \frac{8+9+9+11+12+13}{6} = \frac{31}{3}$$
  $$\therefore 12m = 12 \times \frac{31}{3} = 124$$

3 줄기가 0일 때의 자료의 합은
  $1+1+2+2+3+4+5+9 = 27$
  줄기가 1일 때의 자료의 합은
  $10 \times 6 + (0+1+1+a+7+8) = a+77$
  줄기가 2일 때의 자료의 합은
  $20 \times 5 + (a+6+8+8+8) = a+130$
  줄기가 3일 때의 자료의 합은
  $a+30$
  그런데 20개의 자료의 평균이 13.5이므로
  $$(평균) = \frac{27+(a+77)+(a+130)+(a+30)}{20}$$
  $$= \frac{3a+264}{20}$$
  $$= 13.5$$
  $3a + 264 = 270$에서
  $3a = 6 \qquad \therefore a = 2$

4 편차의 합은 0이므로
  $1+(-1)+(-5)+a+(a+1) = 0$
  $2a - 4 = 0 \qquad \therefore a = 2$
  따라서 자료의 편차는
  $1, -1, -5, 2, 3$
  $$(분산) = \frac{1^2+(-1)^2+(-5)^2+2^2+3^2}{5}$$
  $$= \frac{40}{5} = 8$$

5 5개의 자료를 크기 순서대로 나열해 보면 최빈값이 8이므로
  $7, 8, 8, a, 14$ (단, $8 \le a < 14$)
  평균이 10이므로
  $$\frac{7+8+8+a+14}{5} = \frac{37+a}{5} = 10$$

$\therefore a=13$

따라서 주어진 조건을 만족시키는 자료의 값은

$7, 8, 8, 13, 14$

이므로 각각의 편차는

$-3, -2, -2, 3, 4$

분산을 구하면

$$d=\frac{(-3)^2+(-2)^2+(-2)^2+3^2+4^2}{5}=\frac{42}{5}$$

$$\therefore 20d=20\times\frac{42}{5}=4\times42=168$$

6 주사위의 모든 눈이 적어도 한 번씩 나왔고 최빈값은 6뿐인데 주사위는 9번 던졌으므로 6은 3번 이상 나왔다.

즉, 나온 눈의 수를

$1, 2, 3, 4, 5, 6, 6, 6, a$

라고 하면 평균이 4이므로

$$\frac{1+2+3+4+5+6+6+6+a}{9}=4$$

$$\frac{33+a}{9}=4$$

$33+a=36$

$\therefore a=3$

따라서 주어진 조건을 만족시키는 자료의 값은

$1, 2, 3, 3, 4, 5, 6, 6, 6$

이므로 각각의 편차는

$-3, -2, -1, -1, 0, 1, 2, 2, 2$

분산을 구하면

$$V=\frac{(-3)^2+(-2)^2+(-1)^2+(-1)^2+1^2+2^2+2^2+2^2}{9}$$

$$=\frac{28}{9}$$

$$\therefore 81V=81\times\frac{28}{9}=252$$

7 표준편차는 평균을 중심으로 변량이 흩어진 정도를 나타내는 것이므로 표준편차가 가장 작은 모둠은 수학 점수가 가장 고른 분포를 보이는 E이다.

8 ㄱ. 상관도에서 영화 A는 영화 C보다 관객 수가 많다. (참)

ㄴ. 제작비가 많을수록 대체적으로 관객 수도 많아지는 경향을 보이므로 양의 상관관계가 있다. (참)

ㄷ.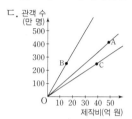

$\dfrac{(관객\ 수)}{(제작비)}$의 값은 세 점 A, B, C와 원점 O를 각각 연결한 직선의 기울기이고, 기울기가 가장 큰 직선은 점 B를 지나는 직선이다.

따라서 세 영화 A, B, C에서 $\dfrac{(관객\ 수)}{(제작비)}$의 값이 가장 큰 영화는 B이다. (참)

와~ 끝났다!